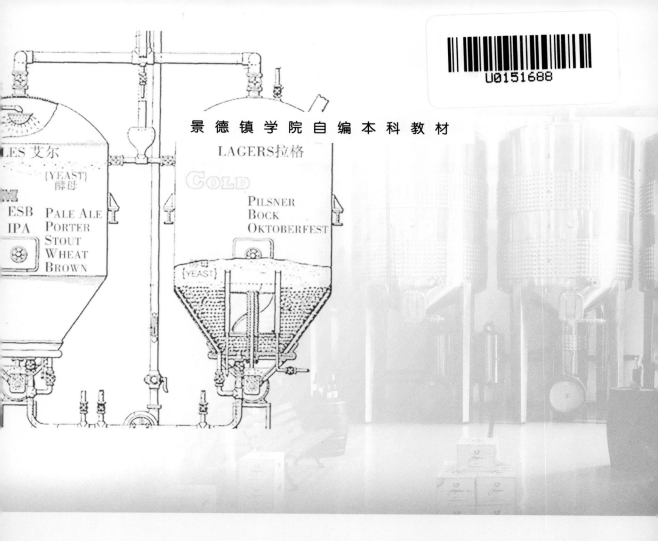

景德镇学院自编本科教材

精酿啤酒发酵简明教程

主 编 黄路标　　副主编 司春灿

WUHAN UNIVERSITY PRESS
武汉大学出版社

图书在版编目(CIP)数据

精酿啤酒发酵简明教程/黄路标主编. —武汉:武汉大学出版社,2022.3
景德镇学院自编本科教材
ISBN 978-7-307-22442-1

Ⅰ.精… Ⅱ.黄… Ⅲ.啤酒发酵—高等学校—教材 Ⅳ.TS262.5

中国版本图书馆 CIP 数据核字(2021)第 137573 号

责任编辑:李 珦 责任校对:汪欣怡 整体设计:韩闻锦

出版发行:**武汉大学出版社** (430072 武昌 珞珈山)
(电子邮箱:cbs22@whu.edu.cn 网址:www.wdp.com.cn)
印刷:武汉市宏达盛印务有限公司
开本:787×1092 1/16 印张:16.25 字数:289 千字 插页:1
版次:2022 年 3 月第 1 版 2022 年 3 月第 1 次印刷
ISBN 978-7-307-22442-1 定价:39.00 元

前　言

精酿啤酒(craft beer)的定义，不止是在国内，就是在国外，也各不相同。有人说，如果你喝下一杯酒后，还愿意再来一杯，去闻它，去品它，这啤酒就叫精酿啤酒。有人说，不加大米玉米等辅料，用传统方法酿造的，就叫精酿啤酒。也有人说，小型酒厂生产的小批量啤酒就叫精酿啤酒。还有人说，只要好闻好喝口感好，管它是哪里产的，都是精酿啤酒……

由于"精酿啤酒"这个概念是美国人发起的，所以我们引用美国酿造师协会对精酿啤酒酿造者的要求：

(1)年产量不高于600万桶；

(2)酒厂不被或是低于25%的股份被非精酿啤酒厂控制；

(3)至少有一款主打产品，或是超过50%的销量中，没有使用辅料来酿酒，或者用辅料也只是为了增加风味而不是为了减少风味。

精酿啤酒酿造设备灵活，品种多样，多种原料及酵母的搭配可营造出不同的风味。加之其高端的品质定位、独特而又富于个性的文化理念、人人皆可参与的DIY体验，在大众啤酒日趋饱和的大背景下，中国啤酒市场呈现高端产品快速发展的趋势，随之精酿啤酒市场被越来越多的人看好，精酿啤酒市场增长显著。

本书依据"精酿啤酒发酵实训"课程教学的培养目标和基本要求，遵从由简至繁的认知规律，注重技能训练和应用实践。书中选入了大量常见的、学生感兴趣的、便于操作的实训单元，可供教学演示和学生自主研究性学习，体现了理、技、实一体化的教育特色，能更好地适应工程实践的需要。

本书在内容选取及章节安排上，突出"产学一体"的教改方向，淡化公式推导，强化与啤酒发酵密切相关的麦芽制作、酵母培养、精酿啤酒发酵等知识的学习与实践，并配以大量的技能训练实验和实训单元，力求通过实验和实训，通过产学一体化教学模式，培养学生自主分析问题、解决问题的能力，培养学生良好的职业道德素养和无菌操作意识，为他们今后顶岗实习、快速上岗打下坚实的基础。

通过理论学习、技能训练和综合实训，力求使学生掌握啤酒发酵基础知识，掌握精酿啤酒发酵流程，学会正确使用各种常用设备，能独立进行精酿啤酒发酵的操作，遇到常见问题时能正确判断和解决，知道并遵守啤酒发酵实验室安全规定。

本书共7章，内容包括：绪论、精酿啤酒酿造原料、麦芽制造、啤酒酵母的制备、精酿啤酒发酵、精酿啤酒的澄清与稳定性处理和综合实训。

参加本书编写的都是从事发酵工程基础教学和研究的一线教学人员。具体分工如下：黄路标老师负责编写第1、2、3、4、5章，司春灿老师负责编写绪论和第6、7章。全书由黄路标老师统稿。

本书在编写的过程中参考和查阅了国内外众多优秀教材和文献资料，受到不少启发，汲取了许多养分，特向这些教材和教参文献的作者致以诚挚的谢意。

由于编者水平所限，加之编写时间仓促，不妥和错误之处在所难免，恳请广大读者批评指正。

编者

2020 年 7 月

目　录

第一章

绪 论

第一节 精酿啤酒的起源和发展

在所有酒品类里，啤酒算是古老的饮品之一。根据现有的文献记载，啤酒的起源可追溯到 9000 年以前，且最早出现在古埃及和美索不达米亚地区。啤酒的酿造和规定在《宁卡斯赞歌》《汉莫拉比法典》中已有记载。对古埃及的考古发现(见图 1.1)，金字塔的建成与啤酒有关，当时的啤酒消耗量已经很大，后来托勒米的女儿克莱巴特利第一个提出征收啤酒税以建立金字塔，为此诞生了世界上最早的饮料税。

图 1.1 埃及金字塔里的饮酒壁画

在诺亚方舟的故事中，诺亚在方舟上储备了啤酒。公元前4300年，巴比伦的泥板上详细记载了啤酒的配方。彼时啤酒已经是古巴比伦、亚述、埃及、希伯来、中国和印加文化的重要组成部分。巴比伦人大量地生产啤酒，大约有20个品种。在那个时候，啤酒的价值是如此之高，以至于还被用来支付工资。而啤酒在早期酿造都比较纯正，用现在的说法就是，基本上都是精酿。

一、精酿啤酒的定义

精酿啤酒（craft beer），不止是在中国，就是在国外，其定义也不尽相同。有人说，如果你喝下一杯酒后，还愿意再来一杯，去闻它，去品它，这啤酒就是精酿啤酒；有人说，不加大米玉米等辅料，用传统方法酿造的，就叫精酿啤酒；也有人说，小型酒厂生产的小批量啤酒就叫精酿啤酒；还有人说，只要好闻好喝口感好，管它是哪里产的，都是精酿啤酒……那么到底什么是精酿啤酒呢？她和所谓"商业啤酒"到底有什么区别？这可能是现在聊啤酒时最常见的问题，是目前啤酒文化中最基本的问题，但也是最难回答的问题。

现代精酿啤酒发酵源于美国，而美国酿酒师协会对于精酿啤酒也有三条沿用多年的严格要求：①小型：年产量最多不超过600万桶；②具有独立产权：酒厂不被或低于25%的股份被非精酿啤酒厂控制；③传统与创新：至少有一款主打产品，或是超过50%的销量中，没有使用辅料来酿酒，或者用辅料也只是为了增加风味而不是为了减少风味。酿造者所酿造的大部分啤酒的风味都应该是从传统的或者创新的原料与发酵工艺中获得。

按照IRI和尼尔森两家公司的调查，将精酿啤酒分为两类：纯精酿和准精酿，前者符合美国酿造师协会的定义，后者更宽泛一些，包含了一些类似精酿的精品啤酒。

二、公元1516年，《德国啤酒纯酿法令》的颁布

1516年，巴伐利亚公国的威廉四世大公颁布了《德国啤酒纯酿法令》（见图1.2）。该法令颁布的初衷是调控啤酒价格，以避免面包店与酿酒厂在麦芽价格上开展竞争，从而防止酿酒厂在原料中掺杂杂质。另外，按照当时的规定，啤酒酿造只允许用麦芽、啤酒花、水和酵母这四种原料，这也与现代的精酿啤酒理念不谋而合。

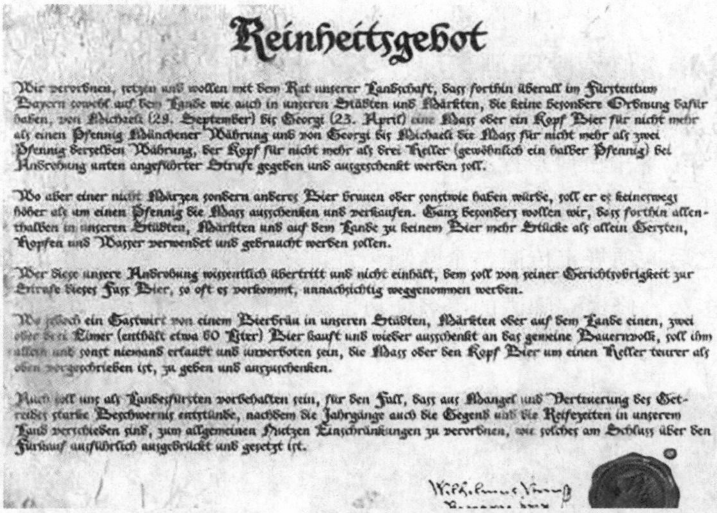

Reinheitsgebot

Wir verordnen, setzen und wollen mit dem Rat unserer Landschaft, dass forthin überall im Fürstentum Bayern sowohl auf dem Lande wie auch in unseren Städten und Märkten, die keine besondere Ordnung dafür haben, von Michaeli (29. September) bis Georgi (23. April) eine Mass oder ein Kopf Bier für nicht mehr als einen Pfennig Münchener Währung und von Georgi bis Michaeli die Mass für nicht mehr als zwei Pfennig derselben Währung, der Kopf für nicht mehr als drei Heller (gewöhnlich ein halber Pfennig) bei Androhung unten angeführter Strafe gegeben und ausgeschenkt werden soll.

Wo aber einer nicht Märzen sondern anderes Bier brauen oder sonstwie haben würde, soll er es keineswegs höher als um einen Pfennig die Mass ausschenken und verkaufen. Ganz besonders wollen wir, dass forthin allenthalben in unseren Städten, Märkten und auf dem Lande zu keinem Bier mehr Stücke als allein Gersten, Hopfen und Wasser verwendet und gebraucht werden sollen.

Wer diese unsere Androhung wissentlich übertritt und nicht einhält, dem soll von seiner Gerichtsobrigkeit zur Strafe dieses Fass Bier, so oft es vorkommt, unnachsichtig weggenommen werden.

Wo jedoch ein Gastwirt von einem Bierbräu in unseren Städten, Märkten oder auf dem Lande einen, zwei oder drei Eimer (enthält etwa 60 Liter) Bier kauft und wieder ausschenkt an das gemeine Bauernvolk, soll ihm allein und sonst niemand erlaubt und unverboten sein, die Mass oder den Kopf Bier um einen Heller teurer als oben vorgeschrieben ist, zu geben und auszuschenken.

Auch soll uns als Landesfürsten vorbehalten sein, für den Fall, dass aus Mangel und Verteuerung des Getreides starke Beschwernis entstünde, nachdem die Jahrgänge auch die Gegend und die Reifezeiten in unserem Land verschieden sind, zum allgemeinen Nutzen Einschränkungen zu verordnen, wie solches am Schluss über den Fürkauf ausführlich ausgedrückt und gesetzt ist.

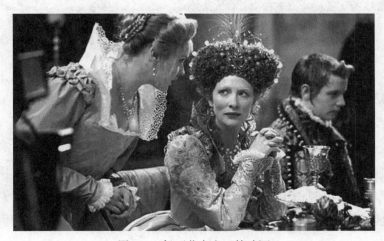

图 1.2 《德国啤酒纯酿法令》

三、公元1524年，酒花从荷兰传入英国

伊丽莎白一世(Elizabeth Tudor)，这位英国历史上最著名的女王，是她将四分五裂的英国变为了世界强国，且开创了英国历史上的“黄金时代”。值得关注的是，这位女王终生未觅得一位王夫，却独爱艾尔啤酒(Ale)。不过，早前的艾尔啤酒只不过是未加酒花的麦酒。要知道，酒花是于1524年才由荷兰传入英国的。而深受伊丽莎白一世青睐的正是添加酒花后所酿制的艾尔啤酒(见图1.3)。

图 1.3 伊丽莎白女王饮啤酒

四、1664 年，修道院啤酒出现

公元 1664 年，法国的 La Trappe 修道院放宽了修道士修行时的戒律，允许在斋戒日以喝啤酒来代替食物充饥，但是啤酒必须由修道院内的修道士自行手工酿造，不得从外面购买。之后这项规定传遍整个欧洲，许许多多的修道院都效仿 La Trappe 开始自酿啤酒。没过多久，修道院啤酒的美名便风靡欧洲乃至整个世界（见图 1.4）。

图 1.4　修道院啤酒

五、1839 年，啤酒革命

1839 年，住在巴伐利亚小镇皮尔森（Pilsen，现属捷克）的居民，由于对暗淡、浑浊、口感不佳的啤酒难以容忍，于是便众筹创建了一座属于居民自己的精酿啤酒厂，被称作"市民精酿厂"（见图 1.5）。据悉，新酒厂采用源自德国巴伐利亚的先进下层发酵法，从而使啤酒的清澈度和香味都得到了大幅度的提升，并且延长了啤酒保鲜期。

图 1.5 市民精酿厂的厂徽(正反面)

六、1842 年，首次精酿运动

第一桶比尔森啤酒(Pilsner)诞生于 1842 年，而这种由窖藏啤酒发酵法酿制的比尔森啤酒一经面世就引起了轰动。随着铁路和工业化时代的到来，这种比尔森啤酒以及比尔森酿造法得以迅速地大面积普及于整个中欧地区。

七、1971 年，欧洲 CAMRA 成立，第二次精酿运动开始

随着时代的变迁，人们开始厌倦千篇一律的工业化生产的拉格啤酒(Lager)，而开始怀念当初那些味道多变、口感浓郁的传统艾尔啤酒(Ale)。于是那些所谓的欧洲精酿运动先锋便举起怀旧的大旗于 1971 年成立了 CAMRA，即真麦酒运动组织(Campaign for Real Ale)，他们开展了名为"Real Ale"(纯酿艾尔)的运动，且用来推广未经巴氏消毒的、传统的、无压力的啤酒。这既是第二次精酿运动的开始，也意味着传统啤酒的全面复苏。

八、1972 年，美国啤酒花问世

美国啤酒花仅用了 40 年的时间，便完成了对于欧洲啤酒花地位的历史超越，且形成了自己独特的酒花风格。1972 年，当第一款美国啤酒花品种问世时，美国就创立了

自己独到的啤酒花风格，特别是当年上市的卡斯卡特（Cascade）是美国农业部颁布的第一款美国啤酒花品种，啤酒厂见图1.6。

图 1.6 卡斯卡特艾尔法啤酒厂

九、1975 年，美国精酿啤酒运动爆发

与欧洲真麦酒运动组织发动的精酿运动时间接近，美国也开展了属于自己的精酿啤酒运动（见图1.7）。1975 年，位于加州旧金山的安佳酿酒厂（Anchor Brewing Co），

图 1.7 美国的啤酒花运动

其创始人在走访欧洲后意外获得了一款浓烈的淡色艾尔（Pale Ale）配方，但由于美国麦芽与欧洲大陆麦芽在味道上存在着明显差异，所以在美洲大陆便无法实现酿造英式啤酒的想法。正是因为这样，安佳酿酒厂懂得另辟蹊径，他们通过不懈的努力，酿造出了第一款真正意义上的美式精酿啤酒，即 Anchor Liberty Ale（见图 1.8），这款啤酒在某种程度上定义和塑造了美国的精酿啤酒运动。

图 1.8　第一款美式精酿啤酒

十、1977 年，干投酒花技术的出现

Anchor Liberty Ale 对于美国精酿啤酒最大的贡献，实际是 Dry Hops（干投）的理念和技术。这种技术充分将美式啤酒花的优势凸显出来。1977 年，啤酒大师 Michael Jackson 在他的第一本啤酒著作 *The World Guide To Beer*（《世界啤酒指南》）中提到了 Anchor Liberty Ale，称其为美国第一瓶现代啤酒，这毋庸置疑成了 American IPA（美式印度淡色艾尔啤酒）的始祖。

现代精酿啤酒是 20 世纪 70 年代英国和美国的精酿啤酒运动（The Craft Beer Movement）的产物，精酿啤酒运动是啤酒从超大规模工业化生产，回归小型、独立、传统、多元化、个性化，乃至迸发出无限创新活力的一场运动。这场运动在 20 世纪 90

年代的美国开始迅速蔓延，催生出大量小型化、本地化、追求品质和创新的自酿酒吧和酒厂。精酿啤酒从最初在欧洲兴盛开始，再到美国持续发展，其历史悠久，技术也逐渐成熟，如今已发展出世界各地口味各具特色的精酿啤酒。直至今日，精酿啤酒运动已经蔓延至世界的每个角落。

第二节　精酿啤酒的分类

根据酵母发酵方式、色泽、灭菌方式、原麦汁浓度等的不同，精酿啤酒大体可分为以下几种类型。

一、根据酵母发酵方式分类

根据酵母发酵方式的不同，即上面发酵和下面发酵，可酿造出不同类型的精酿啤酒。

（一）上面发酵啤酒

上面发酵啤酒是以上面啤酒酵母进行发酵的啤酒。在发酵过程中，酵母随 CO_2 气泡上浮到发酵液面，发酵温度 $15 \sim 25℃$。上面发酵啤酒的特点是酒香味突出。酿造上面发酵啤酒的主要有英国、加拿大、比利时、澳大利亚等国家。其代表性的精酿啤酒主要有英国著名的淡色艾尔啤酒、浓色艾尔啤酒、世涛（Stout）、波特（Porter）等。

（二）下面发酵啤酒

下面发酵啤酒是以下面啤酒酵母进行发酵的啤酒。发酵终了，酵母凝聚而沉淀到发酵容器底部，发酵温度 $5 \sim 10℃$。下面发酵啤酒的特点是酒香味柔和，世界上大多数国家采用下面发酵法酿造啤酒。其典型代表有著名的捷克皮尔森（Pilsen）啤酒以及德国的博克（Bock）啤酒、三月啤酒等。

（三）混合啤酒

混合啤酒是结合了上发酵和下发酵两种酿造工艺制作出来的啤酒，比如使用上发酵酵母在低温情况下发酵，或使用下发酵酵母在较高温度下发酵。这种啤酒的风格难以界定，但一般是在经典啤酒风格，如波特啤酒（Porter）和小麦啤酒（Weizenbier）的基础上添加一些其他额外的风味，或是以其他非常规原料如蔬菜、水果等来酿造的啤酒。

表 1-1 为按照酵母发酵方式不同来划分的精酿啤酒分类表。

表 1-1　　　　　　　　按照酵母发酵方式不同来划分的精酿啤酒分类表

发酵类型	啤酒风格	概　述
艾尔啤酒（Ale）	淡色艾尔（Pale Ale）（淡金黄—深琥珀色）	啤酒世界中的"淡色"是个相对词，涵盖了从淡金黄至深琥珀色这样宽泛的颜色区间。历史上，直至低温烘干麦芽的技术诞生前，啤酒都采用烘烤至带焦糊的麦芽酿造，酒液都为深色。工业革命后英国率先发明了低温缓和烘烤麦芽的技术，制得相对浅色的麦芽，随之酿造出琥珀色的啤酒。相较过往的啤酒，颜色淡了许多，人们便开始把不是深色的啤酒叫作淡色啤酒。如今，淡色艾尔啤酒主要分英式、美式、比利时式这几个派系，且各有鲜明的特征。
	印度淡色艾尔（India Pale Ale，IPA）（金黄—深琥珀色）	印度淡色艾尔是源自 16 世纪后期大英帝国时代的啤酒风格。当时为解决英国啤酒到殖民地印度的长途海运保质问题，酿酒师大量添加啤酒花作为防腐剂。在防腐之余，啤酒花贡献出了浓郁的啤酒花清香气和苦味，于是从英式的淡色艾尔派生出了印度淡色艾尔，并一度受到市场青睐，但后来逐渐失宠。直到 20 世纪 70 年代的美国精酿运动，再次复兴了这一啤酒风格。目前市场上的 IPA 绝大多数为美式 IPA，主要突出柑橘类水果、热带水果、松木、青草等美国啤酒花特有的风味，苦味扎实，酒体偏干，清新怡人，多饮不腻口。
	琥珀/红色艾尔（Amber/Red Ale）（琥珀色）	琥珀/红色艾尔是源自美国精酿运动的啤酒风格。琥珀/红色艾尔是那些颜色偏深、带有红色的美式淡色艾尔进一步细分出的酒种。这类啤酒突出焦糖麦芽的风味，麦芽味层次丰富，同时带有大量的美式酒花香气和苦味，去平衡麦芽的甜味。
	小麦啤酒（Wheat Beer）（黄白、浑浊）	常见的小麦啤酒包括比利时小麦啤酒、德式小麦啤酒、美式小麦啤酒、绝大多数小麦啤酒属于艾尔啤酒，部分美式小麦啤酒也会用拉格酵母发酵。小麦啤酒的配方中，除大麦麦芽以外，还用了一定比例的小麦麦芽或未发芽小麦，贡献出更多的蛋白质和绵柔、顺滑的酒体。小麦啤酒通常具有轻松易饮、苦度低的特点。淡黄浑浊的酒液让人们俗称小麦啤酒为"白啤酒"，但深色的小麦啤酒也是存在的。

发酵类型	啤酒风格	概　述
艾尔啤酒（Ale）	波特（Porter）、世涛（Stout）（深棕色—深黑色）	"波特"（Porter）的字面意思为码头工人，这一啤酒风格源于16世纪的英格兰，起初是一种在酒吧里由不同种啤酒调兑后再饮用的深色啤酒，由于颇受码头工人的青睐，逐渐被命名为波特（Porter）。随后在此基础上，出现了更为浓烈的加强版波特（Stout Porter）。之后波特一词逐渐失宠，被"世涛"（Stout）取代。目前，波特和世涛两者间并无明确的界线，但总体上，波特颜色略淡于世涛，咖啡味、焦糊味也低于世涛，而可可、巧克力味比世涛更为突出。很多情况下，波特与世涛的界定还取决于酿酒师的主观理解，无须纠结两者间的明确界定问题。
	修道院双料（Abbey Dubbel）、三料（Tripel）、四料（Quadple）	所谓的修道院风格啤酒，是一个宽泛的大家族，其中具有明确风格特征的就是双料、三料、四料啤酒。三者的酒精度、麦芽度呈松散的递增关系，但无明确界限。三者均强调比利时酵母发酵时贡献的风味。双料啤酒是一种偏浓郁的棕红色啤酒，口味复杂，突出焦糖、水果蜜饯的味道。三料啤酒为金黄色或橙黄色，酒体浓郁，风味复杂，突出类似蜂蜜的香甜和酵母贡献的水果风味。四料啤酒可以看作双料啤酒的加强版。酿造糖也是修道院风格啤酒常用的原料，可以贡献额外的香气、较高的酒精度以及相对轻薄的酒体，瓶内二次发酵赋予酒液更为丰富的味道和气泡。
	赛松（Saison）、农舍艾尔（Farmhouse Ale）	赛松（Saison）是一种源于比利时法语区农家酿造的啤酒。"Saison"字面为"季节"的意思，历史上指的是农民在寒冷的农闲季节酿造的啤酒，用于炎热的农忙季节消暑解渴。这类啤酒颜色较淡，原料使用比较灵活，主要突出酵母贡献的复杂果香、辛香，酒液含有大量气泡，在清爽怡人的同时又具有一定的浓烈度。美国的精酿酒厂通常将其称为农舍艾尔或农舍赛松。
	烈性大麦酒（Barley Wine）（琥珀色—深棕色）	烈性大麦酒是源自英国的一种酒精度非常高的啤酒，曾为皇室专享的奢侈饮品。主要突出丰富、浓厚的麦芽酒体和香甜，是一种需要长时间熟成的啤酒，其麦芽的复杂层次感堪比红葡萄酒。现代的一些美式版本会融入浓郁的美式酒花风味。

续表

发酵类型	啤酒风格	概　述
拉格啤酒（Lager）	工业淡拉格（Mass-market Pale Lager）（淡金黄）	工业淡拉格是目前占据全球啤酒市场最大份额的啤酒种类，主流跨国大品牌的旗舰产品都属于工业淡拉格。这类啤酒颜色为淡金黄，香气、口味都比较寡淡，通常会添加大米、玉米、淀粉作为辅料，以此降低成本，淡化风味，以满足绝大多数人群的需要。
	皮尔森（Pilsner/Pils）（淡金黄）	皮尔森诞生自捷克波西米亚的皮尔森地区，是世界上最早的淡色拉格啤酒，也是现代工业淡拉格的鼻祖。正宗的皮尔森啤酒不添加大米等辅料，具有清爽、清脆、干净的酒体以及直白、简洁的麦香和酒花香苦。
	琥珀拉格（Amber Lager）（琥珀—棕色）	最早的琥珀拉格诞生自维也纳，之后在德国风靡流行，并随德国移民传入美国。琥珀拉格具有突出的焦糖麦芽香甜风味，整体干净易饮，现代美式的版本经常还加入更多的美式酒花风味。
	德式深色啤酒、黑啤酒（Dunkel，Schwarzbier）	比较主流的德式深色啤酒，Dunkel 是一种口感顺滑、柔和，强调丰富麦香甜风味的啤酒，略带烘烤麦芽的香气和焦糖、巧克力风味。Schwarzbier 字面既"黑啤酒"，是一种颜色深黑，更强调烘烤麦芽焦香和咖啡、巧克力风味的啤酒。这两种德式深色拉格均属于偏淡雅、柔和、易饮的啤酒风格。啤酒的颜色深浅与其浓烈度没有任何关系。
	博克啤酒（Bocks）（琥珀色—深棕色）	"博克"一词源自德国的地名 Einbeck。博克是一系列突出麦芽香甜、酒体浓郁、酒精度中到高的拉格啤酒。常见的子分类有淡色/五月博克、深色博克、双倍博克、冰馏博克等。
酸啤酒（Sour Beer）	兰比克（Lambic）	正宗的兰比克啤酒是现存的最接近真正古法酿造的啤酒。整个酿造过程分为多个发酵阶段，短则半年，长则三五年。酿酒师不会向麦汁中添加自己培育的酵母，而是让来自空气中和旧的木桶中残留的各种野生菌种进行自然发酵，整个过程不像现代工业化生产那样严格可控，而是更具有"浑然天成"的魅力。大量产酸菌种会贡献出复杂、尖锐的酸味。兰比克啤酒会采用少量的陈年啤酒花，所以几乎不具有酒花的风味。为了平衡酸涩的口味，兰比克啤酒会采用老酒与新酒勾兑的工艺，也有加入各种水果、麦汁或糖浆的版本。目前，新型的酒厂也可采用人工添加野生菌种的方法，仿效出各种兰比克风格的酸啤酒。
	法兰德斯老啤酒（Oud Bruin）（深棕色）	传统的法兰德斯老啤酒采用橡木发酵罐酿造，残留在罐体内的产酸菌种消耗酒液的糖分，产生复杂的酸味。有的酒厂还会将年份较长的老酒与新酒调兑，达到均衡的口味。这类酸啤酒会有雪利酒、蜜饯、梅子的味道，焦糖味和酸味相互平衡。

发酵类型	啤酒风格	概　述
酸啤酒（Sour Beer）	特种啤酒（Specialty Beers）	除上述大类以外，啤酒的世界充满创新与变化，原料的使用没有限制，常见的特种啤酒包括水果啤酒、蜂蜜啤酒、辣椒啤酒、香料啤酒、烟熏啤酒、坚果啤酒、橡木桶陈酿啤酒等。一款啤酒要做出令人惊艳的味道并不难，但要做到各种复杂口味间的平衡、圆润、易饮，没有不该有的坏味、杂味，才能算得上优秀。
	双倍/帝国（Double/Imperial）	"双倍"或"帝国"是用于形容其他啤酒风格的前缀，两者是同一概念，可以理解为"加强版"。如，双倍 IPA，可以理解为加强版的 IPA，是一款将 IPA 的各种风味都放大了的啤酒。双倍和修道院风格中的双料（Dubbel）是完全不同的概念，不要混淆。
	社交型/轻盈型（Session）	Session 也是日渐流行的一个啤酒风格前缀，用于形容其他类型的啤酒。其英文本意是"一段时间"的意思，国内译为"社交型"或"轻盈型"。可以理解为一种啤酒风格的"轻量版"，更适合社交，更轻松易饮，适合饮用较长一段时间。比如某品牌旗下 Session IPA，会比其常规款 IPA 具有更低的酒精度、更轻薄的酒体，但同时尽可能保留 IPA 的风味。

二、按啤酒色泽分类

根据啤酒色泽不同，可将啤酒分为以下几种类型。

(一)淡色啤酒

淡色啤酒（色度 2~14EBC）是各类啤酒中产量最大的品种，约占 98%。根据地区的喜好，淡色啤酒又可分为淡黄色啤酒（色度 7EBC 以下）、金黄色啤酒（色度 7~10EBC）和棕黄色啤酒（色度 10~14EBC）三种。

(二)浓色啤酒

浓色啤酒（色度 15~40EBC）呈红棕色或红褐色，酒酒体透明度较低。根据色泽的深浅，又可分成三种：棕色啤酒酒（色度 15~25EBC）、红棕色啤酒（色度 25~35EBC）和红褐色啤酒酒（色度 35~40EBC）。浓色啤酒特点是麦芽香突出、口味醇厚、酒花苦味较轻。

(三) 黑色啤酒

黑色啤酒 (色度大于 40EBC) 的色泽呈深棕色或黑褐色, 酒体透明度很低或不透明。一般原麦汁浓度较高, 麦芽香味突出, 口味醇厚, 泡沫多而细腻, 苦味根据产品类型有轻重之别。

三、按灭菌方式分类

根据啤酒灭菌方式的不同分为以下三种类型:

(一) 鲜啤酒

鲜啤酒是指不经过巴氏灭菌或瞬时高温灭菌, 成品中允许含有一定数量活的啤酒酵母, 达到一定生物稳定性的啤酒。鲜啤酒是地销产品, 口感新鲜, 但保质期短, 多为桶装啤酒。鲜啤酒具有爽口美味的优点。

(二) 熟啤酒

把鲜啤酒经过巴氏杀菌或瞬时高温灭菌法处理即成为 "熟啤酒" 或 "杀菌啤酒"。经过杀菌处理后的啤酒, 稳定性好, 而且便于运输。熟啤酒均以瓶装或罐装形式出售。

(三) 纯生啤酒

纯生啤酒指不经巴氏灭菌或瞬时高温灭菌, 而是采用无菌膜过滤技术滤除酵母、杂菌, 达到一定生物稳定性的啤酒。纯生啤酒避免了热损伤, 保持了原有的新鲜口味, 最后进行严格的无菌灌装工序, 避免了二次污染。啤酒稳定性好, 非生物稳定性 4 个月以上。

四、按原麦汁浓度不同分类

世界各国啤酒的原麦汁浓度相差很大, 主要有以下三大类型:

(一) 低浓度啤酒

原麦汁浓度 (质量分数, 下同) 为 2.5～8°P, 酒精含量 (体积分数, 下同) 为

0.8%~3.2%。无醇啤酒和大部分果味啤酒均属此类型。

(二)中浓度啤酒

原麦汁浓度为9~12°P，酒精含量为3.5%~5%。其中原麦汁浓度为10~12°P、酒精含量为4%~5%的啤酒称为贮藏啤酒(或淡色贮藏啤酒)，它是一种清爽、金色的啤酒。

(三)高浓度啤酒

原麦汁浓度为13~22°P，酒精含量为5.5%~10%。黑色啤酒即属此类型，这种啤酒生产周期长，含固形物较多，稳定性强，适宜贮存或远销。其甜味较重，黏度较大，苦味小，口味浓醇爽口，色泽较深。

第三节 精酿啤酒生产的工艺流程

一、麦芽制造工艺流程

麦芽制造主要包括大麦贮存、预处理、浸麦、发芽、焙燥、贮存等环节(见图1.9)。

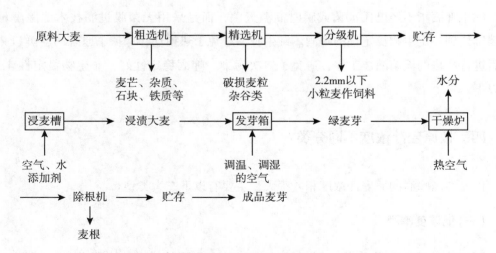

图1.9 麦芽制造工艺流程

二、精酿啤酒酿造工艺流程

精酿啤酒酿造主要包括粉碎、糖化、过滤、煮沸、旋沉、冷却、主发酵、后发酵等工艺环节(见图 1.10)。

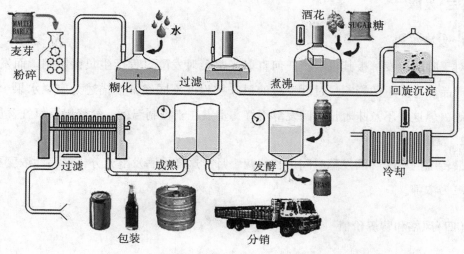

图 1.10 精酿啤酒酿造工艺流程

三、酿造过程与精酿啤酒质量的关系

(一)原料

精酿啤酒只使用麦芽、啤酒花、酵母和水进行酿造,不添加任何人工添加剂。与工业啤酒相比,麦芽含量更多,啤酒花添加更多,所酿造出来的麦芽汁浓度更高。

精酿啤酒制造就是把来自大自然的农作物转化为可口的饮料。原料越好,口感也就更好。

(二)麦芽处理方式

麦芽处理对于啤酒酿造只是开始阶段,但在影响饮品的口感上起着至关重要的作用。

麦芽处理的过程被称作"烘焙"工序，酿酒师按个人偏好控制时间和其他因素，在其认为合理的时间停止麦芽处理，此时糖分转化为淀粉，为之后的发酵做好准备。

麦芽处理的程度也会决定之后啤酒的颜色和酒精含量。浅度"烘焙"的啤酒其酒精含量比深度"烘焙"啤酒高。因为啤酒颜色越深代表其更多的淀粉含量被"烘焙"掉，酵母所需的发酵物就少，转化的酒精随之也变少。

(三)发酵

1. 发酵工艺

对于啤酒，发酵极其重要，任何直射光都会对发酵过程产生负面影响。而发酵又会对产品产生严重的影响。过度发酵的风味按程度不同经常被描述为腐烂水果、药的气味等，但这并不意味着长时间发酵不好，重点在于控制温度、气流以及氧气含量。

2. 发酵时间

最传统的精酿啤酒发酵时间可长达两个月，这样啤酒发酵充分，麦芽汁浓度更高，风味更为浓郁。

(四)风格和营养价值

精酿啤酒通常添加的麦芽、酵母和啤酒花种类和数量较多，可酿造出来的风格种类各异，有香气袭人的小麦啤酒、厚重的黑啤酒等。这些精酿啤酒都具有浓郁的香气，高含量的麦芽汁，厚重饱满的口感，营养价值更高，售价高等特点。

(五)喝法

精酿啤酒通常口感较浓郁厚重，酒精度高，适合慢慢品用。

第四节 精酿啤酒(Craft Beer)与工业啤酒的区别

一、酿酒原料不同

啤酒是以谷物、水为主要原料，加啤酒花(或酒花制品)经酵母发酵酿造而成，含有二氧化碳的低酒精度发酵酒。啤酒根据原料和发酵工艺，通常可以分为精酿啤酒和工业啤酒。常见的百威、嘉士伯、青岛和雪花等都是工业啤酒。

(一)精酿啤酒

精酿啤酒只使用麦芽、啤酒花、酵母和水进行酿造,不添加任何人工添加剂。与工业啤酒相比,麦芽含量更多,啤酒花添加更多,所酿造出来的麦芽汁浓度更高。通常,精酿啤酒酿造时不需要太多考虑成本,多数会选择上等的原料酿造而成。

(二)工业啤酒

工业啤酒同样使用麦芽、啤酒花、酵母和水酿造而成,但为了追求成本,更多用大米、玉米和淀粉等原料取代麦芽。这样酿出的啤酒麦芽汁浓度非常低,口感偏淡。

二、发酵工艺不同

精酿啤酒和工业啤酒的发酵工艺也有所区别,通常精酿啤酒采用的是艾尔工艺(上发酵工艺),工业啤酒采用的是拉格工艺(下发酵工艺),二者最主要的区别是发酵过程中酵母所在的位置和发酵温度不同(见图1.11)。

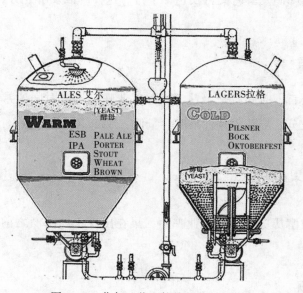

图 1.11　艾尔工艺和拉格工艺的区别

(一)精酿啤酒

精酿啤酒多为艾尔工艺,酵母在发酵罐顶端工作,浮在酒液的上方,发酵温度一般控制在10~20℃。发酵罐通常较小,发酵结束后不进行过滤和杀菌处理。

(二)工业啤酒

工业啤酒多为拉格工艺,酵母在发酵罐底部工作,沉在酒液的下方,发酵温度一般控制在10℃以下。发酵罐较大,发酵结束后通常采用过滤和巴氏杀菌,增加啤酒的货架期(保质时间)。

三、发酵时间不同

精酿啤酒和工业啤酒除了发酵工艺有所区别外,发酵时间也有很大不同。

(一)精酿啤酒

因为不需要太计较成本,所以发酵时间往往不会特别重视,不会太多考虑时间成本。最传统的精酿啤酒发酵时间可长达2个月,这样啤酒发酵充分,麦芽汁浓度更高,风味更为浓郁。

(二)工业啤酒

对工业啤酒而言,时间就是金钱,因此工业啤酒发酵时间通常只有7天左右,这样发酵不会特别充分,导致麦芽汁浓度含量低,风味也更为清淡。

四、发展历史不同

精酿啤酒的发酵历史要长于工业啤酒,早在出现工业啤酒之前,就已经出现了精酿啤酒。

(一)精酿啤酒

一开始艾尔啤酒(精酿啤酒)由妇女生产,以保护她们的家人在恶劣的环境下(如瘟疫、饥荒、污染水源等)生存下来。在中世纪,大批人死于瘟疫,教会接手了啤酒的生产。因啤酒的市场需求大增,利润也很高,精酿啤酒得到快速发展。当时,很多欧洲皇室也成立自己的皇家啤酒厂,酿造精酿啤酒。但随着制冷设备的出现,质量稳定、不易变质和适合运输的工业啤酒开始流行起来。再加上玻璃制品的兴盛,透明酒杯中掺杂浑浊的艾尔啤酒就不怎么讨喜,所以人们越来越喜欢拉格啤酒(多为工业啤酒)。

(二)工业啤酒

19世纪40年代,德国巴伐利亚的啤酒酿造师将啤酒发酵工艺带到捷克的皮尔森,生产出世界上最早的黄金啤酒——皮尔森啤酒(工业啤酒),随着制冷设备的出现,这质量稳定、不易变质、适合大规模工业生产和运输的啤酒大行于世。随着交通方式的进步,很快皮尔森啤酒和皮尔森酿造法便在整个中欧普及开来。

之后,欧洲流行的啤酒被移民者带到了美国,渐渐美国人也喜欢上这种啤酒,但由于美国的大麦较少,于是逐渐用玉米代替大麦来酿造啤酒,再后来演变成用大米或淀粉等来代替大麦酿造啤酒,就形成了现在市面上看到的美国工业啤酒。

五、风格和营养价值不同

(一)精酿啤酒

精酿啤酒通常添加的麦芽、酵母和啤酒花种类和数量较多,可酿造出来的风格种类各异,有香气袭人的小麦啤酒、厚重的黑啤酒、琥珀啤酒以及水果啤酒等,按照种类划分,全世界有近100种风格的精酿啤酒。这些精酿啤酒都具有浓郁的香气,高含量的麦芽汁,厚重饱满的口感,营养价值更高,售价高等特点。精酿啤酒酒精度多为11°以上,有些加烈精酿可达20°。

(二)工业啤酒

为了统一的成品口感,通常工业啤酒酿造工艺和风格单一,再加上发酵时间极短,所以工业啤酒具有口感淡、气泡多、麦芽汁浓度低、啤酒花含量少和酒精度低等特点,其自然营养价值和售价也较低。

六、保存时间不同

(一) 精酿啤酒

多数精酿啤酒不进行过滤和杀菌处理，因此，精酿啤酒不太耐保存。多数精酿啤酒保质期较短，有些保质期仅为几十天。

(二) 工业啤酒

工业啤酒在发酵后期，会经常过滤和巴氏灭菌处理，保质期较长。一般工业啤酒保质期为 1~2 年，有些甚至可达数十年。

七、喝法不同

(一) 精酿啤酒

通常口感较浓郁厚重，酒精度高，适合慢慢品用。

(二) 工业啤酒

通常口感较淡，酒精度低，适合大口饮用。

第二章

精酿啤酒酿造原料

第一节 啤 酒 大 麦

麦芽是酿造啤酒的主要原料,因为当大麦等谷物发芽后会生成丰富的酶,通过各种酶的作用,会产生可供酵母生存的糖和氨基酸。

一般的啤酒以大麦芽为主要原料,麦芽一般是指发芽的大麦。大麦可以食用也可以作为饲料,但是自古以来都是作为啤酒的原材料使用,一般经过制麦工艺就可以作为酿造啤酒的主要原材料,在我国新修订的 GBT 7416—2008 啤酒大麦中,专门增加了对啤酒酿造用大麦的定义。

利用大麦作为原料酿酒的主要原因有:(1)便于发芽;(2)内容物无毒性;(3)良好的种植能力,即对环境要求相对低,容易种植;(4)适应各种气候,世界性的广泛种植;(5)酶的形成和积累能力强;(6)价格便宜,又非主粮;(7)比较高的淀粉含量;(8)蛋白质含量比较适中;(9)制成的酒类别具风格;(10)其麦皮可作为麦汁过滤时的天然过滤介质(研磨后的麦皮会沉淀形成很好的过滤床)。

需要指出的是小麦作为辅料,对于酿制啤酒也有十分重要的意义,一般不直接采用小麦作为原料,而是制成小麦芽后进行添加。小麦芽蛋白含量高(主要是谷蛋白),泡沫性能好,花色苷含量低,有利于啤酒非生物稳定性，风味也好。小麦和大米、玉米不同，富含 α-淀粉酶和 β-淀粉酶，有利于采用快速糖化法。糖化后的麦汁中含较多的可溶性氮，发酵速度快，啤酒的最终 pH 值较低。由于小麦的蛋白质含量较高，如果糖化和麦汁煮沸时分解和凝固不好，容易造成啤酒早期混浊。冬小麦的蛋白质含量相对较低而浸出物含量高被广泛采用，使用这种小麦生产的啤酒色泽也比较浅。

我国标准规定，酿造小麦啤酒时小麦芽的添加量要在 40% 以上，有的国家要求 60% 以上。

一、大麦的品种

大麦是早熟禾科（Poaceae），即禾本科（Gramineae）大麦属（*Hordeum*）谷类植物。栽培大麦有 3 个种：大麦（*H. vulgare*）六列型，其花穗有两个相对的凹槽，每个凹槽着生 3 个小穗，每个小穗着生 1 朵小花，结籽 1 粒。二棱大麦（*H. distichum*）为两列型，小穗中有一中心小花，可结籽，侧生小花通常不育。不规则型大麦（*H. irregulare*）或称阿比西尼亚中间型，很少栽培，中心花能育，侧生小花能育或不育。

有经济价值的是普通大麦种中的两个亚种，即二棱大麦亚种和多棱大麦亚种。通常我们称多棱大麦为六棱大麦。

二棱大麦，穗轴每节片上的三联小穗，仅中间小穗结实，侧小穗发育不全或退化，不能结实。二棱大麦穗粒数少，籽粒大而均匀。我国长江流域一般喜欢种植二棱大麦。

六棱大麦，穗轴每节片上的三联小穗全部结实。一般中间小穗发育早于侧小穗，因此，中间小穗的籽粒较侧小穗的籽粒稍大。由于穗轴上的三联小穗着生的密度不同，分稀（4 厘米内着生 7~14 个）、密（4 厘米内着生 15~19 个）、极密（4 厘米内着生超过 19 个）三种类型。其中三联小穗着生稀的类型，穗的横截面有 4 个角，人们称四棱大麦，实际是稀六棱大麦。

大麦按用途分，可分为啤酒大麦、饲用大麦、食用大麦（含食品加工）三种类型。

国内主要的啤酒大麦品种有：甘啤系列品种、垦啤系列品种和苏啤系列品种。其中甘啤 5 号、甘啤 4 号和垦啤麦 7 号的品质始终排在前几位，这些品种的部分指标已达到进口啤酒大麦水平。

国外主要的啤酒大麦的品种有下列四种。

（一）加拿大

Harrington（哈林顿）、AC Meterelfe（麦特卡夫）、CDC Kendell（肯德尔）、Manley（曼利）、Stein（斯坦因）和 CDCStratus（斯泰托斯）等。

加拿大大麦的质量特性：

（1）啤酒大麦的品种纯度高，麦皮薄，籽粒大小均匀、饱满；

（2）休眠期短，收获后很快就可以投入生产；

（3）发芽率高，吸水快，萌发也快；

（4）制麦工艺要求简单，适应各种制麦设备；

（5）缺点是麦皮的附着性稍差。

加拿大大麦的酿造特性：

（1）麦芽的溶解好，浸出率较高；

（2）β-葡聚糖含量低，麦汁浊度小；

（3）麦芽中各种酶的含量较高、分配合理，糖化力大于 300WK，酿造生产易于控制，辅料比可达 40%。

（二）澳大利亚

Schooner（司库那）、Stirling（斯德林）、Whalong（乌维浪）、Franklin（富兰克林）、Sloop（斯路珀）等。

澳大利亚大麦的质量特性：

（1）Schooner：皮薄、色淡光亮、粒大饱满、蛋白质含量适中；

（2）Stirling 休眠期长达三个月至半年，大麦外观皮薄粒圆，色泽偏黄，有水敏感性，吸水较慢，溶解稍困难，蛋白质含量偏高，制麦工艺要求较高并较复杂；

（3）Whalong 大麦的千粒重较高可达 46~51g。

澳大利亚大麦的酿造特性：

（1）Schooner：协定糖化法麦汁的浸出率高，但糖化力偏低，易于过溶解，β-葡聚糖低，过滤性能好，α-氨基氮较高，具有独特的口味；

（2）Stirling 协定糖化法麦汁的糖化力高，库值适中，α-氨基氮偏低；

（3）Whalong 是由 Schooner 派生出来的新品种，具有比 Schooner 更低的 β-葡聚糖，而糖化力高出 Schooner 约 20%。

(三)法国

Scarlett(斯卡里特)、Nevada(纳瓦达)、Riviera(瑞沃芮)、Sunrise(桑莱斯)、Esterel(依斯泰奥)等；

法国大麦的质量特性：

(1)籽粒饱满千粒重高，常年在 42~46g，较多品种有蓝色糊粉层；

(2)整齐度好，发芽率高，粉质粒一般在 90%以上；

(3)蛋白质适中，多数在 10.5%~11.5%；

(4)缺点是水敏性较高，一般为 20%~40%；

(5)Nevada 啤酒大麦的外观形象较差。

法国大麦的酿造特性：

(1)麦汁的浸出率高；

(2)麦汁的粗细粉差小；

(3)α-氨基氮偏低，库值偏高；

(4)糖化力高，麦汁色度浅；

(5)弱点是 β-葡聚糖偏高，麦汁过滤速度慢，麦汁易失光。

(四)英国

春大麦主要有 OPtic(欧匹弟克)、Prisma(扑雷斯玛)、Chariot(卡路德)；冬大麦主要有 pearl(皮勒)、Regina(利金娜)、Fanfare(泛法)。

英国大麦的质量特性：

(1)大麦的籽粒饱满、品种纯正；

(2)大麦的休眠期较短；

(3)大麦的发芽力较强；

(4)大麦的蛋白质含量较低。

英国大麦的酿造特性：

(1)麦汁有较高的浸出率；

(2)浊度较低；

(3)糖化力适中；

(4)有较高的 α-氨基氮。

二、大麦籽粒的构造、化学组成及其生理特性

大麦籽粒主要由胚、胚乳、谷皮三部分组成(见图2.1)。

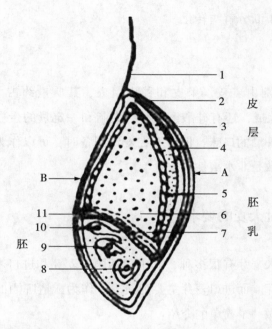

1—麦芒；2—谷皮；3—果皮和种皮；4—腹沟；5—糊粉层；6—胚乳；

7—细胞层；8—胚根；9—胚芽；10—盾状体；11—上皮层；A—腹部；B—背部

图2.1 大麦粒的构造

(一)胚

胚是大麦有生命的部分，是大麦生长发芽最重要的部分。胚约占麦粒干物质的2%~5%，胚中含有低分子糖类、脂肪、蛋白质、矿物质和维生素，作为胚开始发芽的营养物质。当胚开始发芽时，由胚中形成各种酶，渗透到胚乳中，使胚乳溶解，通过上皮层再将胚乳内的营养物质传送给生长的胚，以提供胚芽生长的养料。

（二）胚乳

胚乳是胚的营养库，由淀粉、蛋白质、脂肪等组成，约占麦粒质量的80%~85%，在发芽过程中，胚乳成分不断地分解成小分子糖和氨基酸等，部分供给胚做营养，合成新的物质；部分供给呼吸消耗，产生CO_2和水，并散发出热量，当胚持续有生命的时候，胚乳物质就会不断分解与转化。

（三）皮层

大麦从外到里分别由麦皮、果皮和种皮组成，其质量约占大麦干物质的7%~13%，主要由纤维素组成，还有硅酸、多酚、类脂和一定量的蛋白化合物，其中硅酸和苦味物质等有害于啤酒的口味，但皮壳在麦汁制备时，可以作为麦汁过滤层而被利用。皮壳的组成大多数是非水溶性的。

三、啤酒酿造对大麦的要求

常用的啤酒酿造大麦芽有很多种，其中包括国产麦芽和进口麦芽。国产麦芽又分为一级麦芽和二级麦芽。而进口麦芽主要为澳麦。作为酿造啤酒的主要原料，如何鉴定它的质量呢？在此做一个简单的介绍：

（一）外观

麦粒有光泽，呈纯淡黄色，有新鲜麦草香味，籽粒饱满，均匀整齐，皮薄，有细密纹道。

（二）物理检验

1. 千粒重 35~45g
2. 麦粒均匀度

腹径2.5mm以上麦粒占85%的为一级大麦，腹径2.2~2.5mm的为二级大麦，一级大麦、二级大麦均可作为酿酒原料用。腹径2.2mm以下的为次大麦，不可用作酿酒。

3. 胚乳状态

胚乳断面为粉白色的粉质粒，淀粉含量高，吸水性好，易于分解。胚乳断面呈玻璃状或半玻璃状的，吸水性差，淀粉不易分解。

4. 发芽力和发芽率

发芽力是指 3 天内发芽的百分数，要求不低于 90%。发芽率是指 5 天内发芽的百分数，要求不低于 95%。

(三) 化学检验

1. 水分含量

要求大麦水分含量在 13% 以下，否则难以贮存。

2. 浸出物质量分数

一般要求为 72%~80%（绝干物质计）以上，与淀粉质量分数相差约 14.7%。

3. 蛋白质质量分数

一般要求 9%~12%（绝干物质计），辅料用量多时可达 13.5%。

大麦的质量标准参照 GB/T7416—2000 的要求。

对于啤酒酿造的主要原料大麦芽，不同的国家有不同的标准，详情请参照相应的标准。

四、啤酒大麦的质量标准

中华人民共和国国家标准（GB/T 7416—2008 啤酒大麦标准）对啤酒大麦的质量要求做了详细的规定。

对于啤酒酿造的主要原料大麦芽，不同的国家有不同的标准，我国是参照国家标准（QB/T 1686—2008 啤酒麦芽）。

第二节　精酿啤酒的辅助原料

精酿啤酒以麦芽、啤酒花、水、酵母四种原料酿造。适当添加某些辅助原料如小麦芽、特殊麦芽、未发芽大麦、燕麦等，则可使精酿啤酒呈现不同的风味。

一、小麦芽和特殊麦芽

首先是麦芽，除了大麦芽，为了得到特殊的风味和酒品，精酿啤酒发酵中还常用到小麦芽和特种麦芽。

(一)小麦芽

啤酒厂很少把小麦直接作为辅助原料，更多地是将小麦制成小麦芽作为辅料，以此丰富啤酒的泡沫或酿制特殊口味的小麦啤酒。

(二)特殊麦芽

为了给啤酒添加特殊的风味和颜色，往往会使用到深色的麦芽，或者为了降低糖化时的 pH 值使用酸性麦芽，这些都是特殊麦芽。

(三)基础麦芽

基础麦芽主要是前述中的大麦芽，我们可以接触到的最多的有皮尔森麦芽与淡色艾尔麦芽，这些麦芽拥有较丰富的酶，主要是用来为啤酒产生更多的可发酵性糖，以供酵母发酵为酒精和二氧化碳使用。

(四)维也纳麦芽

维也纳麦芽比一般的皮尔森麦芽有更丰富的酶，使得啤酒更甜以及拥有更丰满的酒体和更丰富的麦芽香味。它的颜色比皮尔森麦芽略深一些，接近淡色艾尔麦芽，一般制作深色拉格会用到。

(五)慕尼黑麦芽

慕尼黑麦芽主要用来增加麦芽香气，比维也纳麦芽的颜色更深一些，一般制作德式拉格会用到，或者为深色啤酒增加麦芽香气。

(六)焦香麦芽

焦香麦芽包括焦糖麦芽、结晶麦芽、琥珀麦芽等，是在普通麦芽的基础上加工而成，酶活性较低。主要是湿烤，首先使淀粉发生美拉德反应，而后再烘干水分。麦芽在转鼓式烘炉内于60~75℃继续分解，使整个颗粒都得到溶解，蛋白质的分解比淀粉分解得更多，酸度升高。然后加热至150℃左右，使之焦糖化，产生典型的焦香物质。焦香麦芽的色度波动范围很宽，3.5~120EBC不等。焦香麦芽有益于啤酒的醇厚和圆润感(非可发酵性糖比例高)，提高啤酒的泡持性，突出啤酒的麦芽香特点，调节啤酒的色泽。

(七)着色麦芽

着色麦芽包括烘炒麦芽、黑麦芽、巧克力麦芽等，主要是干烤，将浅色干麦芽放入转鼓式烘炉中焙炒，在高温下生成类黑素并有焦糊味，颜色变为深咖啡色。大多数用于生产黑色啤酒，着色麦芽具有较黑的麦汁色度和更强烈的风味，以及发干和粗糙的口感，本身色度为$1.3×10^3$~$1.6×10^3$EBC单位，一般添加很少量用来调色。这类麦芽中不包含活性酶，在糖化过程中需要基础麦芽中的酶来辅助分解，实际使用中可以直接糊化后待糖化快结束时进行并醪。

需要特别注意一点，深色麦芽在糖化时会降低pH值。因此，在糖化即将结束前加入，可以避免上述粗糙的口感以及类似焦炭的苦涩风味。

(八)乳酸麦芽

乳酸麦芽也叫酸化麦芽，有两种方式进行生产。一种是将物乳酸溶液喷洒在正常发芽的绿麦芽上，然后干燥。通过焙焦过程，乳酸浓缩，最终成品麦芽中乳酸含量可达3%~4%；第二种是将干燥麦芽放在盛有47℃水的容器中浸泡，当麦芽上有乳酸杆菌繁殖，乳酸含量达到0.7%~1.2%，品尝麦芽和浸泡水有明显酸味时，将浸泡水排掉。然后在低温下风干，再在60~65℃温度中干燥至水分约5.5%。乳酸麦芽主要用于调节pH值，另外，投料时添加乳酸麦芽，麦汁色度有所降低，蛋白溶解强烈，特别是α-氨基氮和甲醛提高，还原性物质增加，啤酒的氧化稳定性有所改善。乳酸麦芽色度一般为3~6EBC，乳酸麦芽的添加量一般为2%~10%。

二、未发芽大麦

未发芽的大麦也可以作为辅助原料(一般由于特色啤酒的风味要求，采用经过烘烤的大麦），它所含的酶活性非常低、含有较多的 β-葡聚糖，内含物溶解和分解很差，糖化比较困难，故一般用量不超过 15% ~ 20%。大麦在糖化前，应先用碱溶液浸泡，以除去花色苷、色素和硅酸盐等有害物质，用清水洗至中性后使用。未发芽的大麦（或者其他酶活力低下的未发芽谷物）如果用量比较多时，可以采用单独的糊化处理，然后再与糖化醪合并，以提高利用率。

三、燕麦

使用燕麦有助于使酒体更加饱满顺滑，并且可以降低一些异味，使啤酒更稳定，也更有利于酵母的增殖。

燕麦富含 β-葡聚糖，会提高麦汁的黏度，所以会让口感饱满。但若投放燕麦比例过高，丰富的 β-葡聚糖在糖化时会增加醪液的黏度，又会造成洗糟和过滤的困难。

第三节 啤 酒 花

啤酒花赋予啤酒爽口的苦味和愉快的香味，增加啤酒的防腐抗菌能力，有益于啤酒的泡沫；并且有利于啤酒的非生物稳定性，改善啤酒的光照稳定性，赋予啤酒典型的口味特质。以下介绍啤酒花的组成以及性质、酒花的评价、酒花的品种，以及酒花制品等知识。

啤酒花是雌性酒花植物的干燥花朵以及由它制成的、仅含酒花组分的酒花制品。长期以来人们使用不同的草本植物混合体来作为啤酒的调料，直到公元 8 世纪前后，德国人才把啤酒花作为酿酒原料固定下来，正因为有了啤酒花的存在，才使啤酒独具风味。酒花必须在特殊的地区种植，这些地区必须满足酒花生长所需的前提条件，酒花收货之后，为避免酒花利用价值降低，需要进行干燥和加工。

一、概述

啤酒花（学名蛇麻：*Humulus lupulus* Linn.）又称忽布（hop）、酒花，在植物学上属于荨麻目大麻科葎草属多年生攀援草本植物，茎、枝和叶柄密生绒毛和倒钩刺。叶片卵形或宽卵形，先端急尖，基部心形或近圆形，边缘具粗锯齿，表面密生小刺毛，叶柄长不超过叶片。雄花排列为圆锥花序，花被片与雄蕊均为5；雌花每两朵生于一苞片腋间；苞片呈覆瓦状排列为一近球形的穗状花序。果穗球果状，瘦果扁平，花期秋季。

啤酒花原产于欧洲、美洲和亚洲。中国新疆、四川北部有分布，中国各地多栽培。酒花一般可连续高产20年左右。雌雄异株，啤酒酿造中使用的酒花是未受精的雌花。雌花花体为绿色或黄绿色，呈松果状，由30~50个花片覆盖在花轴上，花轴上有8~10个曲节，每个曲节上有4个分枝轴，每个分枝轴上生一片前叶，前叶下面有两片托叶状的苞叶。花片的基部有许多蛇麻腺，而成熟酒花的蛇麻腺分泌的树脂和酒花油是啤酒酿造所需要的重要成分。啤酒厂只使用雌性酒花，它含有苦味树脂和芳香油，这些成分赋予啤酒苦味和香味，并有防腐和澄清麦芽汁的能力。雄花花体小，呈白色，无酿造价值，所以酒花种植区应排除雄花。

酒花始用于德国，1079年，德国人首先在酿制啤酒时添加了酒花，从而使啤酒具有了清爽的苦味和芬芳的香味。

二、酒花的化学成分及其作用

酒花的化学成分中对啤酒酿造有特殊意义的三大成分为：酒花精油，苦味物质和多酚。

（一）苦味物质

苦味物质是为啤酒提供愉快苦味的物质，在酒花中主要指 α-酸，β-酸及其一系列氧化、聚合产物，过去把它们统称为"软树脂"。

（二）精油

酒花精油是酒花腺体另一重要成分，经蒸馏后成黄绿色油状物，是啤酒重要的香气来源，特别是它容易挥发，是啤酒开瓶闻香的主要成分。

（三）多酚物质

多酚物质约占酒花总量的 4%~8%。它们在啤酒酿造中的作用有：（1）在麦汁煮沸时和蛋白质形成热凝固物；（2）在麦汁冷却时形成冷凝固物；（3）在后酵和贮酒直至灌瓶以后，缓慢和蛋白质结合，形成气雾浊及永久浑浊物；（4）在麦汁和啤酒中形成色泽物质和涩味。

酒花的一般化学成分有：水分、总树脂、挥发油、多酚物质、糖类、果胶、氨基酸等。

三、酒花品种及其典型性

酒花按世界市场上供应的可以分为四类：

A 类：优质香型酒花，有捷克（Saaz），卡斯卡特（Cascade），威廉麦特（Willamette），Citra，英国的 Golding，德国的 Tettnanger 等。

B 类：香型酒花，有德国的 Hallertauer、Hersbrucker 等。

C 类：没有明显特征的酒花。

D 类：苦型酒花，例如 Northern Brewer 等。

其中，香型酒花以其香味舒适、合葎草酮含量低于 20% 和细香特性成分（石竹烯、法呢烯）含量高而著称，尽管其 α-酸含量较低，只有 2.5%~5%，但交易价格仍然很高。

α-酸含量高的酒花是指那些 α-酸含量高达 10%~18% 的苦型酒花，人们要求 α-酸含量高的优质酒花中合葎草酮含量不超过 25%。

各国使用酒花，一般是苦型和香型兼用。麦汁煮沸时，先加苦型酒花，充分利用其 α-酸，后添加香型酒花以保持香味。至于添加次数和添加量则因制酒的类型而不同，不拘一格。

目前，因酒花品种很丰富，又有多种酒花制品面世，故酒花的选择性更广泛，添加酒花的方法也更灵活。总之，以能最大限度地提高 α-酸的利用率和充分保持酒花的香型为原则。

以下介绍精酿啤酒发酵常用的 17 种啤酒花：

(一)卡斯卡特啤酒花(Cascade 啤酒花)

原产地：美国。

阿尔法酸：4.5%~7.0%。

特点：苦香兼优，具有极为显著的葡萄柚柑橘香气和味道。

卡斯卡特是 1972 年在美国农业部的育种计划下，由俄勒冈州开发并种植的。它有着中上等强度的花香和独特的气味，是美国最受欢迎的香花品种。

使用：可作为苦花和香花随锅熬煮，也适合干投使用。适合酿制美式淡色艾尔、琥珀艾尔、IPA。

(二)马格努门啤酒花(Magnum 啤酒花)

原产地：德国。

阿尔法酸：12%~14%。

特点：苦花。

马格努门是一款非常优秀的酒花，它于 1980 年在德国 HUELL 培育，有着非常干净的苦味和极好的储藏性，一般认为该酒花是由美国人最近几年重新发现并广泛种植的。目前一些观点认为该酒花起源于加雷纳酒花，这款酒花非常适合在 IPA 中作为苦花使用。

(三)世纪啤酒花(Centennial 啤酒花)

原产地：美国。

阿尔法酸：12%~14%。

特点：苦香兼优。

世纪啤酒花是于 1990 年投放市场的一款香花。它被认为是一种非常平衡的酒花，常被人们称作"超级卡斯卡特"。它非常适合酿造艾尔啤酒，而且无论是大麦还是小麦啤酒，都能与其相得益彰。

(四) 法格啤酒花(Fuggle 啤酒花)

原产地：英国。

阿尔法酸：3.5%~5.5%。

特点：苦香兼优。

在 18 世纪后期和 19 世纪前期，法格酒花一度被称为是"英国啤酒酿造的基石"。1861 年肯特郡的理查德-法格在该地区培育了该酒花，在 1875 年上市时，正式将该酒花命名为法格。目前该酒花已经在欧洲其他地区和美国广泛种植。法格酒花虽然是苦香兼优的品种，但是由于其较低的阿尔法酸，所以在作为苦花时成本较高。法格具有很高的石竹烯和法尼烯含量，这赋予了他草本与木本植物的香气。由于法格是英国产量最低的酒花品种，储藏性又较好，所以在英国市场上非常抢手。

(五) 奇努克啤酒花(Chinook 啤酒花)

原产地：美国。

阿尔法酸：12%~14%。

特点：苦香兼优，具有极为显著的香气和一点辛辣气味。

奇努克是一款优秀的苦香兼优酒花，经常被用来酿造 APA 和 IPA，同时也适合酿造一些深色啤酒。

使用：可作为苦花和香花随锅熬煮，也适合干投使用。适合酿制美式淡色艾尔、琥珀艾尔、IPA。

(六) 哥伦布啤酒花(Columbus 啤酒花)

原产地：美国。

阿尔法酸：14%~18%。

特点：苦香兼优，香味朴实，具有柑橘香气和味道。

哥伦布酒花、卡斯卡特啤酒花和世纪啤酒花并称为"3C 酒花"(Columbus Centennial Cascade)，这款酒花也与 Tomahawk(战斧)和 Zeus(宙斯)并称为"CTZ"。从命名就可以看出，哥伦布是一款非常重要而有代表性的酒花。关于这款酒花的命名和版权还有一些争议。

哥伦布啤酒花是一款非常棒的兼优型酒花，它拥有着梦幻般的的香气，阿尔法酸高达 14%～16%。哥伦布酒花的油含量适中，各种成分也比较平衡。

使用：可作为苦花和香花随锅熬煮，也适合干投使用。适合酿制淡色艾尔、琥珀艾尔、IPA、帝王世涛。

(七)捷克萨兹啤酒花(Czech Saaz 啤酒花)

原产地：捷克。

阿尔法酸：2%～6%。

特点：香花，优雅，具有令人愉悦的香气。

萨兹酒花是一款伟大的酒花，它永远地改变了啤酒的酿造历史。它帮助我们定义了欧洲啤酒和波西米亚风格啤酒(比如皮尔森)。该酒花也在美国、比利时大量种植。在新西兰还培育了该酒花的变种品种——B SAAZ 和 D SAAZ。萨兹酒花有着清香持久、略带草药的气味，各类油脂平衡，多酚物质富含较多，所以对啤酒有着良好的抗氧化作用，延长了啤酒口味的保质期。

注：由于 2013 年捷克水灾，导致捷克本土的萨兹酒花产量不足往年一半，所以捷克产萨兹酒花价格有所上涨。其他国家的萨兹酒花价格变化不大。

使用：可作为香花随锅熬煮，也适合干投使用。适合酿制欧洲风格的艾尔、拉格、皮尔森。

(八)水晶颗粒啤酒花(Crystal 美国进口啤酒花)

原产地：美国。

阿尔法酸：3.5%～6%。

特点：香花，具有木香、花香和水果香气和味道。

水晶酒花于 1983 年在俄勒冈州培育，该酒花阿尔法酸一般为 3.5%～6%，月桂烯含量较高，这给这款酒花带来了混合木香、花香和水果香。

使用：可作为苦花和香花随锅熬煮，也适合干投使用。适合酿制淡色艾尔、金色艾尔、IPA 干投，也适合做世涛和拉格啤酒。

（九）努格特啤酒花（Nugget 美国进口啤酒花）

原产地：美国。

阿尔法酸：9.5%~14%。

特点：苦香兼优，具有极为显著的木本植物香气和一点桃子气味。

努格特啤酒花于 1982 年投放市场，他是由 Brewer Gold 和一款高阿尔法酸的雄花杂交的。该酒花有着较低的蛇麻烯含量，月桂烯含量稍高，有着较好的木香。努格特是一款比较耐存储的酒花，并且苦香兼优，所以很受商业酿造欢迎。

使用：可作为苦花和香花随锅熬煮，也适合干投使用。适合酿制艾尔、世涛、烈性大麦酒。

（十）古丁金牌啤酒花（Golding 啤酒花）

原产地：英国。

阿尔法酸：4%~6%。

特点：苦香兼优。

古丁金牌啤酒花是一种非常著名的传统英式酒花，目前已在欧洲其他国家和美国广泛种植。该酒花有着淡雅和持久的香气，非常适合酿造美式及英式艾尔风格的啤酒。

（十一）泰南格啤酒花（Tettnanger 啤酒花）

原产地：德国。

阿尔法酸：3%~6%。

特点：苦香兼优。

泰南格啤酒花由德国泰南格酒花产区而得名，是一种非常高贵的酒花品种。该酒花有着优质的香气和较低的律草酮含量。该酒花的特点类似于捷克萨兹酒花，各类烯的含量均在适度的范围，法尼烯高达 34%。由于酒花在全球产量均不高，所以一直属于稀缺品种，尤其是德国产区的泰南格，产量更是稀少。该酒花适合酿造各种风格的德式、英式拉格及艾尔啤酒。

（十二）戴纳啤酒花（DANA 啤酒花）

原产地：斯洛文尼亚。

阿尔法酸：11%~16%。

特点：苦香兼优，具有柠檬、菠萝的香气和味道。

戴纳啤酒花是一款苦香兼优酒花，他是通过德国的马格努门和斯洛文尼亚的一款酒花杂交培育的。总有含量高，香味明显。

使用：可作为苦花和香花随锅熬煮，也适合干投使用。适合酿制淡色艾尔、琥珀艾尔、IPA、博克、世涛。

(十三)胡德峰啤酒花(Mt Hood 啤酒花)

原产地：美国。

阿尔法酸：4%~8%。

特点：香花，具有温和、令人愉悦的气味。

胡德峰啤酒花是哈拉道酒花家族的一个分支后裔，它是一款通过含有哈拉道酒花四倍体的秋水仙碱和 USDA 19058M 杂交培育而成。该酒花名由美国农业部取自坐落在波特兰市东河上的胡德峰火山。

胡德峰酒花于 1989 年投放市场，类似于德国赫斯布鲁克，阿尔法酸值较低，主要作为香花使用。

使用：可作为苦花和香花随锅熬煮，也适合干投使用。适合范围广泛，适合酿造各类艾尔、酵母小麦啤、博克、俄罗斯帝王世涛、IPA 等。

(十四)挑战者啤酒花(Challenger 啤酒花)

原产地：英国。

阿尔法酸：6.5%~8.5%。

特点：苦香兼优，具有松柏、绿茶、柑橘、香料的香味。

挑战者啤酒花是一款风靡英国的酒花，它是 WYE 大学实用北酿酒花和一款 1961 年培育的德国酒花杂交培育的。这是一款苦香兼优酒花，阿尔法酸一般在 6.6%~8.5%，该酒花于 1968 年发布，有着良好的香气和抗病性。

这款酒花适用范围广泛，苦香兼优，同时又可以用来干投。他有着平滑柔和的风味，夹杂着松柏、绿茶、柑橘、香料的香味。从而可以酿造很多风格不同的啤酒。

使用：可作为苦花和香花随锅熬煮，也适合干投使用。适合酿制英式艾尔、波特、世涛、英式苦啤、棕艾、烈性大麦酒。

(十五)勇士啤酒花(Warrior 啤酒花)

原产地:美国。

阿尔法酸:14%~16.5%。

特点:苦花。

勇士啤酒花是一种近年来在亚基马首席牧场培育种植的高阿尔法酸品种。由于其葎草酮含量低,所以拥有着温和的香味和优秀的苦味品质。这款花提供了稳定、干净的苦味,非常适合酿造 IPA。

(十六)西楚啤酒花(Citral 啤酒花)

原产地:美国。

阿尔法酸:11%~13%。

特点:苦香兼优。

西楚啤酒花是 2007 年推出的苦香兼优型酒花,由美国酒花育种公司培育而成。它是由哈拉道 Mittelfruh、Tettnanger、East Kent Golding、Brewers Gold 和其他已知的众多的香花杂交选育而来。它有浓郁的柑橘的香气和热带水果香(比如芒果香、番石榴香等)。α-酸含量较之一般的香花要高,苦味出众,苦香兼优。

该酒花品种是较于传统四大贵族香花之后的香花新秀,Citra 是现如今美国啤酒屋啤酒堡中最受酿酒师欢迎的高档兼优型香花。

使用:可作为苦花和香花随锅熬煮,也适合干投使用。适合酿制美式淡色艾尔、IPA。

(十七)马林卡啤酒花(Marynka 波兰啤酒花)

原产地:波兰。

阿尔法酸:9%~12%。

特点:苦香兼优。

四、酒花制品

传统的酒花添加方法是在麦汁煮沸时以全酒花形式加入,其有效成分的利用率较低。目前以这种方式添加全酒花的啤酒厂越来越少，取而代之的是各种酒花制品。酒花制品优点很多，诸如有效苦味成分 α-酸含量高，在无氧低温条件下储存时 α-酸损失更少，便于运输和长期储藏；还有，酒花有效成分的利用率高，啤酒质量有保证等。国内酒花制品的生产量提高得很快，已占全球酒花制品产量的 80% 以上，主要酒花制品有酒花粉、颗粒酒花、酒花浸膏及酒花油等。

(一)颗粒酒花

颗粒酒花是把酒花粉压制成直径为 2~8mm、长约 15mm 的短棒状，增加其密度，减少其体积，同时也降低了它的比表面积，在充惰性气体后保藏，酒花更不易氧化。

颗粒酒花具有体积小，不易氧化，运输、使用控制和保管都比较方便的优点，是世界上使用最广泛的酒花形式。

(二)酒花浸膏

酒花浸膏是使用乙醚、石油醚、乙醇等根据逆流分配原理萃取。螺旋压榨汁经真空蒸发得到一级萃取液。残渣通入蒸汽，回收溶剂后，用煮沸水萃取多酚物质等水溶性成分，分离得到水萃取液，真空蒸发浓缩得二级萃取汁。一级萃取汁和二级萃取汁按一定比例混合，就得到标准酒花浸膏。

由于浸膏中有微量的有机溶剂残留，因而现在多采用 CO_2 超临界萃取获得浸膏。

世界酒花产量的 25%~30% 加工成浸膏。酒花浸膏的主要优点是提高了 α-酸的利用率。

(三)异构酒花浸膏

普通酒花在碱性溶液中加热，在乙醇中于 Ca^{2+}、Mg^{2+} 的存在下处理使 α-酸异构化，再用甲苯、甲醇、二氯甲烷等溶剂提纯。

该种酒花制品不必再加入煮沸锅中，简化了麦汁糖化工艺。

(四)酒花油

采用液态 CO_2 萃取制得，含 20% 左右酒花油，它与酒花几乎一样仅含极少量 α-酸、单宁及多酚，不含亚硝酸盐和其他对啤酒无用的物质，仅提供新鲜酒花香气，可替代第三次添加的酒花和香花。添加量为 2~4kg/200t 麦汁。在规定酒花库中长期贮存。

五、酒花质量标准

参见啤酒花制品国家标准 GB/T 20369—2006。

第四节　水

水是啤酒酿造中的主要原料，酿造用水被称为"啤酒的血液"，一般包括糖化用水和洗涤麦糟用水。世界著名啤酒的特色都是由各自酿造用的水质所决定的，酿造用水不仅直接影响着酿造的全过程，而且还决定着产品的质量和风味。水中含有一定量的各种阳离子和阴离子，这些离子对糖化过程酶的作用、物质的转化、麦汁的组成、发酵过程以及啤酒的质量产生特有的影响。啤酒酿造用水的质量应符合 GB 5749—2006 生活饮用水卫生标准。

一、水的硬度

水质硬度表示水中所含有钙、镁、铁、铝、锌等离子的含量多少，通常以 Ca^{2+}、Mg^{2+} 含量计算，单位有两种，一种用毫克当量/升表示，另一种用度表示，即 1 升水中相当 10mg Ca 为 1 度。0~4 度为很软水，4~8 度为软水，8~16 度为中度硬水，16~30 度为硬水。

人们把水的总硬度一方面分为由钙构成的硬度（钙硬）和由镁构成的硬度（镁硬），另一方面又把总硬度分为碳酸盐硬度（钙镁的碳酸氢盐和碳酸盐）和非碳酸盐硬度（钙镁的硫酸盐、氯化物及硝酸盐）。

二、水的碱度

水碱度是指水中能够接受[H^+]离子与强酸进行中和反应的物质含量。水中产生碱度的物质主要有碳酸盐产生的碳酸盐碱度和碳酸氢盐产生的碳酸氢盐碱度，以及由氢氧化物存在而产生的氢氧化物碱度。所以，碱度是表示水中 CO_3^{2-}、HCO_3^-、OH^- 及其他一些弱酸盐类的总合。这些盐类的水溶液都呈碱性，可以用酸来中和。然而，在天然水中，碱度主要是由 HCO_3^- 的盐类所组成。

水的残余碱度（RA）是衡量酿造用水质量的一项重要指标，也是对水中具有降酸作用和增酸离子的综合评价。通过 RA 值的计算，可以预测水中碳酸氢根离子对麦汁和啤酒的影响程度，从而找出调整和补救的措施，使整个酿造过程顺利进行。

(一)水的总碱度(GA)

当水中不含 $NaHCO_3$ 时，水中的碳酸氢根主要只与钙、镁离子结合，成为相应的盐，此时，GA 就是水的碳酸盐硬度（暂时硬度），以 mmoL/L 表示。如果水中含 $NaHCO_3$ 时，则 GA 大于碳酸盐硬度，此水呈负硬度。

(二)抵消碱度(AA)

AA 是钙镁离子增酸效应抵消碳酸氢盐降酸作用所形成的碱度。

(三)残余碱度(RA 值)的计算

RA = GA−AA = GA−(钙硬/3.5+镁硬/7.0)

从上式可以看出：当 GA 高于 AA 时，RA 是正值。钙镁离子浓度越高，增酸效应越强，RA 值则越低，麦汁的 pH 值也越低。当 AA 高于 GA 时，RA 值即为负值。此种情况只有在暂时硬度远低于永久硬度的情况下才可能存在，这样的水质较少存在。

(四)不同啤酒品种对 RA 值的要求

不同的啤酒品种对水的 RA 值有不同要求，色泽越淡的酒，要求 RA 值越低。

淡色啤酒：RA≤1.78mmol/L；

浓色啤酒：RA>1.78mmol/L；

黑色啤酒：RA>3.57mmol/L。

(五)酿造淡色啤酒对水质的基本要求

RA≤1.78mmol/L；

总硬度<12.48mmol/L(视 RA 值而定);

非碳酸盐硬度:碳酸盐硬度=2.5~3.0/1;

钙硬:镁硬>3/1。

(六)RA 值对啤酒生产过程的影响

水的 RA 值高,会使麦醪和麦汁的 pH 值升高,由此产生一系列的影响。

(1)对酶的影响:糖化过程中的有关酶,如 α-淀粉酶、β-淀粉酶、β-葡聚糖酶、蛋白酶、肽酶、R-酶、磷酸酯酶等的最适 pH 值都比较低,pH 值过高,将抑制酶的作用而达不到相应物质的分解效果,对糖化过程不利,从而也影响发酵进程和啤酒质量。

(2)影响麦汁收得率:由于酶的作用受到限制,淀粉和蛋白质分解不完全,β-葡聚糖酶分解不良,麦汁黏度高,过滤困难,洗糟不干净,所以影响麦汁的收得率。

(3)对麦汁性质的影响:麦汁 pH 值越高,从麦皮中浸出的高分子多酚越多,使啤酒色度加深,口味粗糙,容易混浊。

三、水中无机离子对啤酒酿造的影响

(一)Ca^{2+}

钙离子最大作用是调节糖化醪和麦汁的 pH 值,保护 α-淀粉酶的活力,沉淀蛋白质和草酸根,避免成品啤酒产生混浊和喷涌现象;而含量过高会带来粗糙的苦味。

(二)Zn^{2+}

锌离子是酵母生长的必需离子,含量在 0.1~0.5mg/L 时,能促进酵母生长代谢,增强泡持性。

(三)Na^+

钠的碳酸盐形式能使糖化醪和麦汁的 pH 值大幅度升高,与氯离子并存能使啤酒带有咸味;含量过高常使啤酒变得粗糙、不柔和。

（四）Mg^{2+}

镁离子能使糖化醪和麦汁的 pH 值升高；过多则有苦涩味，会损害啤酒的风味和泡沫稳定性。

（五）Fe^{2+}

铁含量过高，会抑制糖化的进行，加深麦汁色度，影响酵母的生长和发酵，加速啤酒氧化，产生粗糙的苦味和铁腥味，导致啤酒混浊和喷涌。

（六）Mn^{2+}

微量锰离子利于酵母生长；过量则会使啤酒缺乏光泽，口味粗糙，引起啤酒混浊并影响风味稳定性。

（七）SO_4^{2-}

有增酸作用，能提高酒花香味，促进蛋白质絮凝，利于麦汁澄清；而过量易使啤酒中挥发性硫化物增多，致使啤酒口味淡薄、苦味。

（八）NO^{3-}

可作为水源是否污染的指示性离子，能对酵母造成严重伤害，可抑制酵母生长，阻碍发酵。

（九）Cl^-

含量适当，能促进 α-淀粉酶的作用，提高酵母活性，啤酒口味柔和、圆润、丰满；而含量过高，易引起酵母早衰，使啤酒带有咸味，且容易腐蚀设备及管路。

（十）SiO^{3-}

含量过高，则麦汁不清，影响酵母发酵和啤酒过滤，容易引起啤酒混浊，使啤酒口味变粗糙。

四、啤酒酿造用水的水质要求

啤酒酿造用水的水质要求

序号	水质内容	单位	理想要求	最高极限	超过极限引起的缺点
1	色		无色	无色	有色的水是严重污染水，不能用来酿造啤酒
2	透明度		透明，无沉淀	透明，无沉淀	影响麦芽汁透明度，啤酒容易混浊沉淀
3	味		20℃、50℃无异味、无异臭	20℃、50℃无异味、无异臭	污染啤酒，口味恶劣
4	总溶解盐类	mg/L	150~200	500	含盐过高会导致啤酒的口味苦涩粗糙
5	pH 值		6.8~7.2	6.5~7.8	造成糖化困难，啤酒口味不佳
6	有机物（高锰酸钾耗氧量）	mg/L	0~3	10	超过极限的水是严重污染的水
7	碳酸盐硬度	mmol/L	0~0.71	1.78	使麦芽醪降酸，造成糖化困难等一系列缺点，浓度过高，影响口味
	非碳酸盐硬度	mmol/L	0.71~1.78	2.5	适量存在有利于糖化和口味，麦汁清亮；过量则导致啤酒口味粗糙
	总硬度	mmol/L	0.71~2.5	4.28	有的国家和地区也有用高硬度的水酿造特种风味的酒则属于例外。酿造浓色啤酒时，水的硬度可以高一些，上述极限系针对淡色啤酒而言
8	铁盐(以 Fe 计)	mg/L	<0.3	0.5	铁腥味，导致麦汁色度加深，影响酵母菌生长和发酵，导致啤酒单宁的氧化及啤酒混浊
	锰盐(以 Mn 计)	mg/L	<0.1	0.5	微量对酵母菌生长有利，过量则导致啤酒缺乏光泽，口味粗糙

续表

序号	水质内容	单位	理想要求	最高极限	超过极限引起的缺点
9	氨态氮(以 N 计)	mg/L	0	0.5	氨的存在，表示水源受污染，超过极限为严重污染水
	硝酸根态氮(以 N 计)	mg/L	<0.2	0.5	有妨碍发酵的危险，部分硝酸根能还原为亚硝酸根
10	亚硝酸根态氮(以 N 计)	mg/L	0	0.05	NO_2^- 是致癌物质，并有下列危害：引起酵母菌功能性损害，改变啤酒口味；引起酵母菌遗传损害，改变酵母菌性状；影响糖化过程
11	氯化物(以 Cl^- 计)	mg/L	20~60	80	含量适当，啤酒口味柔和、圆滑；糖化时促进淀粉酶作用；提高酵母菌活性；超过极限易引起酵母早衰并使啤酒带有咸味，且易导致设备的腐蚀
12	游离氯(以 Cl_2 计)	mg/L	<0.1	0.3	糖化时破坏酶作用，严重时会形成氯臭和氯酚臭
13	硅酸盐(以 SiO_3 计)	mg/L	<20	50	麦汁不清；发酵时形成胶团，影响酵母菌发酵和啤酒过滤；引起胶体混浊；使啤酒口味粗糙
14	其他重金属离子(Pb^{2+}，Zn^{2+}，Cu^{2+}，Sn^{2+}等)	mg/L		符合生活饮用水标准	微量的铜和锌对啤酒酵母的代谢作用是有益的；微量的锌对降低啤酒中的双乙酰、醛类和挥发性酸类是有利的；但总的讲，重金属离子过量对酵母菌有毒性，会抑制酶活力并易引起啤酒混浊
15	细菌总数		无	符合生活饮用水标准	超过极限，有害人体健康
	大肠菌群		无		
16	硫酸盐	mg/L	<200	240	过量会使啤酒涩味重

五、啤酒酿造用水的改良和处理

(一) 煮沸法

原理：使水中溶解的重碳酸钙或镁生成难溶解的碳酸钙或镁沉淀，以降低水中大部分暂时硬度。

方法：常压煮沸法，在任何容器中，将水加热数十分钟，并不断搅拌，排除二氧化碳，形成碳酸钙自然沉降，积于底部，采用倾析法分离出处理后的水。如果被处理水含碳酸氢镁较多，由于形成的沉淀析出缓慢，同时它的溶解度随温度降低而增加，必须煮沸后立即过滤或加凝聚剂一并过滤。

优点：方法简单，不需要特殊设备，适合小厂。

缺点：时间长，耗热量大、成本高；处理后的水温高，尚须冷却后才能供糖化使用；对含碳酸氢镁高的水效果不佳。

(二) 加石灰法

原理：降低水的暂时硬度和其他有害成分。

方法：将需软化的水，注入大水槽(圆柱体锥底容器)内，加入预先消化的石灰乳溶液，同时用压缩空气充分搅拌 10~20 分钟，静置沉淀 4~5 小时，在容器上部引出处理后的水，在锥底部排出沉淀。

用量：

$$G = 28 \frac{V}{\sum\limits_{i=1}^{n}} (H_T + H_{mg} + CO_2 + Fe)$$

式中：G——石灰每小时添加量(g)，28——CaO 当量，V——每小时处理水量 (m^3)，$\sum\limits_{i=1}^{n}$——工业石灰纯度(一般含 CaO50%~80%)，H_T——水中重碳酸钙硬度以毫克当量/升，H_{mg}——水中重碳酸镁硬度以毫克当量/升计，CO_2——水中二氧化碳以毫克当量/升计，Fe——水中铁的含量以毫克当量/升计。

优点：经石灰处理的水，暂硬大部分被除去，并对有机物、硅酸盐和铁离子有降低作用。

缺点：①水中不允许有剩余 $Ca(OH)_2$ 存在，否则严重影响糖化；②原水中含碳酸钙较少时，加石灰后不能形成大片沉淀，因此沉淀排除困难，还需加凝聚剂；③需要有较大容积的贮水槽。

(三)加石膏法

原理：抵消碳酸氢盐的降酸作用。

方法：按计算用量将石膏直接投入糖化投料水中。

用量：每吨投料水加 50~200g 石膏。

计算公式如下：$m = \eta V \times 3.07 \times 1.3$

式中：m——糖化用水需加石膏克数(g)；

η——糖化用水的碳酸盐硬度(d)；

V——糖化用水总量(hL)；

3.07——每 1g 氧化钙相应需要石膏的系数；

1.3——所需石膏的附加系数。

优点：方法简单，常用。

缺点：上述化学反应后，加石膏后伴随产生磷酸钙沉淀，即损失了部分可溶性磷酸盐；含硫酸钙硬度高的水应少加或不加石膏，否则弊多利少。

(四)加酸法

原理：通过加酸消除水中由碳酸氢盐所形成的碱度。加酸并不能改变水的总硬度，但可将碳酸盐硬度转变为非碳酸盐硬度，从而达到降低水的 RA 值和 pH 值、改善水质的目的。如果水的总硬度和暂时硬度都较高，应先以其他方法处理水，然后再加酸降低 RA 值。

方法：先做小试验，将 pH 值调至 5.2~5.6 为宜。加酸的地方多为糖化锅和煮沸锅。加入煮沸锅能显著降低醪液的 pH 值，其能力是加入糖化锅的一倍。

种类：加酸种类各厂不一，一般以加乳酸较多，也有加盐酸、磷酸、硫酸的。添加各种酸对啤酒风味的影响也不一样。添加乳酸使啤酒醇和，过多时则变苦涩；添加盐酸能使啤酒口味圆满丰润；添加磷酸一般是为了增加对酵母的营养。

效果：酶的作用加强，糖化快；啤酒色泽浅，口味柔和；蛋白质凝固沉淀好，麦汁澄清度好。

(五) 其他改良法

除以上几种生产上常用的水处理方法外，还有离子交换法、反渗透法和电渗析。

①离子交换法：指用一种离子交换剂的物质来处理水，可以有选择地去掉水中的某些成分。其优点是：方法可靠，处理后水质好；根据不同设计可满足不同工艺要求；出水量大，水处理成本适中。缺点是：管理复杂，复床系统间断出水，再生频繁，再生周期长；再生用酸碱量大。

②反渗透法：指在外界高压下，使之克服水溶液本身渗透压力，使水分子通过半渗透膜，而盐类透不过半渗透膜，从而除去水中各种盐类。

③电渗析法：指在外加直流电场作用下，利用阴、阳离子交换膜对水中离子的选择透过性，使一部分离子转移到另一部分水中从而达到除盐目的。

六、啤酒生产用水的消毒和灭菌

啤酒厂用水必须符合 GB 5749—2006 生活饮用水卫生标准。为了使水质达到规定要求并保持纯净状态，可采用下列方法：

(1) 砂棒 (砂滤棒) 过滤：采用砂滤棒过滤器设备，除去水中微生物及部分有机杂质，对水中溶解盐类、分子态杂质不起过滤作用。

(2) 加氯杀菌：由于液氯使用比较困难，工厂常采用漂白粉代替。但糖化用水、酵母洗涤、培养用水、稀释啤酒用水、啤酒过滤机用水不能采用此法除菌。

(3) 臭氧杀菌：采用臭氧杀菌需要专门的臭氧杀菌设备，经过滤后的清净水，臭氧加入量 $0.1\sim1g/m^3$ 即可达到满意的杀菌效果。

(4) 紫外线杀菌：采用紫外线杀菌需要专门的紫外线杀菌设备，波长在 200～300nm 的紫外线都有杀菌能力，波长在 260nm 时杀菌能力最强。可用于酵母洗涤用水、啤酒稀释用水的杀菌。

第三章

麦 芽 制 造

麦芽制造包括以下 6 道工序：

大麦贮存：刚收获的大麦有休眠期，发芽力低，要进行贮存后熟。

大麦精选：用风力、筛机除去杂物，按麦粒大小分级。

浸麦：浸麦在浸麦槽中用水浸泡 2~3 日，同时进行洗净，除去浮麦，使大麦的水分浸麦度达到 42%~48%。

发芽：浸水后的大麦在控温通风条件下进行发芽形成各种湿麦粒内容物质进行溶解。发芽适宜温度为 13~18℃，发芽周期为 4~6 日，根芽的伸长为粒长的 1~1.5 倍。长成的湿麦芽称绿麦芽。

焙燥：目的是降低水分，终止绿麦芽的生长和分解作用，以便长期贮存；使麦芽形成赋予啤酒色、香、味的物质；易于除去根芽，焙燥后的麦芽水分为 3%~5%。

贮存：焙燥后的麦芽，在除去麦根、精选、冷却之后放入混凝土或金属贮仓中贮存。

麦芽制造的目的：

①通过制造麦芽的操作，使大麦中的酶活化并产生各种水解酶，并使大麦胚乳中的成分在酶的作用下，达到适度的溶解。

②通过绿麦芽的干燥和焙焦除去多余的水分，去掉绿麦芽的生腥味，产生啤酒特有的色、香和风味成分，从而满足啤酒对色泽、香气、味道、泡沫等的特殊要求。

③制成的麦芽经过除根，使麦芽的成分稳定，便于长期贮存。

麦芽制造工艺见图 3.1。

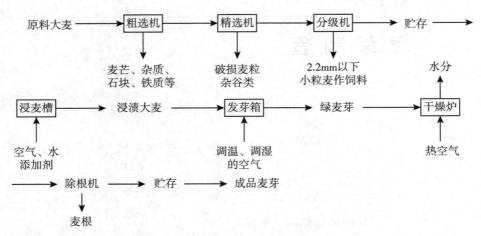

图 3.1 麦芽制造工艺

第一节 大麦的预处理——清选和分级

原料大麦一般含有各种有害杂质，如：杂谷、秸秆、尘土、砂石、麦芒、木屑、铁屑、麻绳及破粒大麦、半粒大麦等，均会妨碍大麦发芽，有害于制麦工艺，直接影响麦芽的质量和啤酒的风味，并直接影响制麦设备的安全运转，因此在投料前须经处理。利用粗选机除去各种杂物和铁，再经大麦精选机除去半粒麦和与大麦横截面大小相等的杂谷。由于原料大麦的麦粒大小不均，吸水速度不一，会影响大麦浸渍度和发芽的速度均匀性，造成麦芽溶解度的不同。所以，对精选后的大麦还要进行分级。

一、清选

(一) 粗选

粗选的目的：除去糠灰、各种杂质和铁屑。

粗选的方法：风析、振动筛析。

风析主要是针对除尘及其他轻微尘质，风机在振动筛上面的抽风室将大麦中的轻微尘质吹入旋风分离器中进行收集(见图 3.2)。

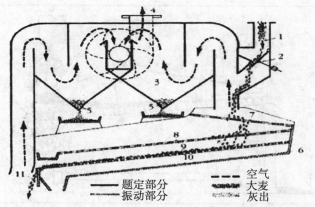

1—大麦入口；2—进料调节器；3—粉尘箱；4—用于除尘的吸风接管；5—手阀；
6—偏心驱动的振动筛组；7—长孔筛；8—短孔筛；9—沙子筛；10—导料板；11—大麦出口

图 3.2 风力粗选机（老式）

振动筛析主要是为了提高筛选效果，除去夹杂物。振动筛共设三层，第一层筛6.52mm，主要筛除砂石、麻绳、秸秆等大夹杂物。第二层筛子（3.52mm），筛除中等杂质。进入第三层筛子（2.02mm），筛除小于2mm的小粒麦和小杂质。

大麦粗选设备包括去杂、集尘、除铁、除芒等机械（见图3.3、图3.4、图3.5）。

除杂集尘常用振动平筛或圆筒筛配离心鼓风机、旋风分离器进行。除铁用磁力除铁器，麦流经永久磁铁器或电磁除铁器除去铁质。脱芒用除芒机，麦流经除芒机中转动的翼板或刀板，将麦芒打去，吸入旋风分离器而被去除。

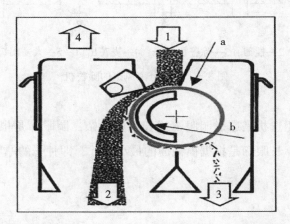

1—大麦进入；2—大麦流出；3—铁块；4—吸尘接管；a—旋转转鼓；b—磁性区域

图 3.3 自动除铁的转鼓除铁器

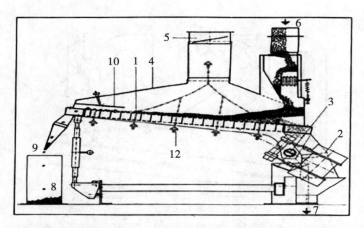

1—倾斜工作台；2—不平衡电动机的转动装置；3—不平衡电动机的作用方向；4—机盖；

5—抽风机接口和截止风门；6—大麦入口；7—大麦出口；8—石块；

9—石块出口；10—分享区的终端；11—大麦；12—空气进入

图 3.4　去石机

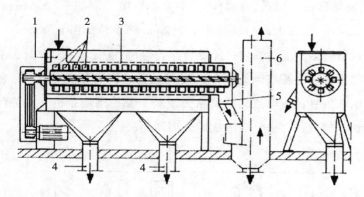

1—大麦入口；2—搅刀；3—除芒机外壳；4—麦芒出口；5—大麦出口；6—吸尘口

图 3.5　带有分离风道的除芒机

　　分离的原理：粗选机是通过园眼筛或长眼筛除杂，园眼筛是根据横截面的最大尺寸，即种子的宽度；长眼筛是根据横截面的最小尺寸，即种子的厚度进行分离。

(二) 精选

1. 精选的目的
除掉与麦粒腹径大小相同的杂质，包括荞麦、野豌豆、草籽、半粒麦等。

2. 分离的原理

利用种子不同长度进行，使用的设备为精选机(又称杂谷分离机)。

精选机的主要结构：它由转筒、蝶形槽和螺旋输送机组成。转筒直径为 400～700mm，转筒长度为 1～3m，其大小取决于精选机的能力，转筒转速为 20～50r/min，精选机的处理能力为 2.5～5t/h，最大可达 15t/h。转筒钢板上冲压成直径为 6.25～6.5mm 的窝孔，分离小麦时，取 8.5mm。

3. 操作

粗选后的麦流进入精选机转筒，转筒转动时，长形麦粒、大粒麦不能嵌入窝孔，升至较小角度即落下，回到原麦流中，嵌入窝孔的半粒麦、杂谷等被带到一定高度才落入收集槽道内，由螺旋输送机送出机外被分离。合格大麦与半粒麦、杂谷之间的分离界限，可通过窝眼大小和收集槽的高度来调节。过高易使杂粒混入麦流，导致质量下降；过低又会将部分短小的大麦带入收集槽，造成损失。此外，还要根据大麦中夹杂物的多少，调节进料流量，以保证精选效果。

二、分级

(一)分级的目的

得到颗粒整齐的麦芽，为浸渍均匀、发芽整齐以及获得粗细均匀的麦芽粉创造条件，并可提高麦芽的浸出率。

(二)分级的原理

大麦的分级是把粗精选后的大麦，按腹径大小用分机筛分级。

(三)分级的标准

一般将大麦分成 3 级，其标准如表 3-1 所示。

表 3-1　　　　　　　　　　　　　　　　大麦分级的标准

分级标准	筛孔规格/mm	麦粒厚度/mm	用途
Ⅰ级大麦	2.5×25	>2.5	制麦芽级大麦
Ⅱ级大麦	2.2×25	>2.2	制麦芽级大麦
Ⅲ级大麦	—	>2.2	饲料

(四)分级筛(见图3.6)

有圆筒分级筛和平板分级筛两种。

1. 圆筒分级筛

在旋转的圆筒筛上分布不同孔径的筛面,一般设置为2.225mm和2.525mm。先经2.2mm筛面,筛下小于2.2mm的粒麦,再经2.5mm筛面,筛下2.2mm以上的麦粒,未筛出的麦流从机端流出,即是2.5mm以上的麦粒。从而将大麦分成2.5mm以上、2.2mm以上和2.2mm以下三个等级。为了防止与筛孔宽度相同腹径的麦粒被筛孔卡住,滚筒内安装有一个活动的滚筒刷,用以清理筛孔。

2. 平板分级筛

重叠排列的平板筛用偏心轴转动(偏心轴矩45mm,转速120~130r/min),筛面振动,大麦均匀分布于筛面。平板分级筛由三层筛板组成,每层筛板均设有筛框、弹性橡皮球和收集板。筛选后的大麦,经两侧横沟流入下层筛板,再分选。上层为4块2.525mm筛板,中层为两块2.225mm筛板,下层为两块2.825mm筛板。麦流先经上层2.5mm筛,2.5mm筛上物流入下层2.8mm筛,分别为2.8mm以上的麦粒和2.5mm以上的麦粒,2.5mm筛下物流入中层2.2mm筛,分别为小粒麦和2.2mm以上的麦粒。

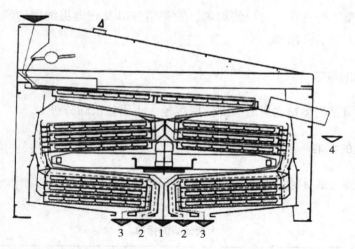

1——级大麦;2—二级大麦;3—小杂物(饲料);4—大杂物

图3.6　分级机

三、精选大麦的质量控制

(一)大麦精选率和整齐度

大麦精选率是指原大麦中选出的可用于制麦的精选大麦重量与原大麦重量的百分比。二棱大麦，指麦粒腹径在 2.2mm 以上的精选大麦；多棱大麦，指麦粒腹径在 2.0mm 以上的精选大麦。大麦精选率一般在90%以上，差的大麦为85%。大麦整齐度是指分级大麦中同一规格范围的麦粒所占的质量分数，国内指麦粒腹径在 2.2mm 以上者所占的比率，国际系指麦粒腹径在 2.5mm 以上者所占的比率。整齐度高的大麦浸渍，发芽均匀，粗细粉差小。

(二)工艺要求

(1)分级大麦中夹杂物低于 0.5%。
(2)分级大麦的整齐度大于 93%。
(3)杂质中不应含有整粒合格大麦。
(4)同地区、同品种、同等级号的大麦贮存在一起，作浸麦投料用。

(三)控制方法

(1)每种大麦在精选之前，先要进行原料分析，掌握质量状况，提出各工序的质量要求，指导制麦生产。
(2)大麦必须按地区、品种，分别进行精选分级，不得混合。
(3)经常检查分级大麦整齐度，调节进料闸门大小。
(4)经常检查分级筛板，保持圆滑畅通。筛板凹凸不平时，堵塞筛孔，会降低分级效果。
(5)当杂谷分离机(精选机)窝孔因摩擦变得圆滑时，应减慢进料速度，不然会影响分离效果。
(6)原料大麦是多棱大麦时，可用 2.0mm 筛板代替 2.2mm 筛板，2.0mm 以下的麦粒作饲料大麦。对二棱大麦，2.2mm 以下的麦粒称为小粒麦，可用作饲料。

（四）大麦清选和分级设备的管理和维护

（1）每班结束时要清扫干净，定期除灰。

（2）各机发现异常声音时应停车检查，待排除异常后方能开车。

（3）定期擦洗所有驱动设备上的轴承和润滑装置，每班要加油。

（4）应保持各筛板的平整和畅通，定期更换筛板，定期清理筛板和毛刷或弹性球。筛板不准有凸起和堵塞。

（5）认真检查各连接部件螺栓是否松动，定期更换易损零件。

第二节　浸　麦

一、浸麦的作用

（1）提高大麦的含水量，使大麦吸水充足，达到发芽的要求。麦粒含水 25%~35%，即可均匀发芽。但对酿造用麦芽，要求胚乳充分溶解，含水必须达到 43%~48%。

（2）通过洗涤，除去麦粒表面的灰尘、杂质和微生物。

（3）在浸麦水中适当添加石灰乳、Na_2CO_3、NaOH、KOH、甲醛等任何一种化学药物，可以加速麦皮中有害物质（如酚类、谷皮酸等）的浸出，提高发芽速度和缩短制麦周期，还可适当提高浸出物，降低麦芽的色泽。

二、浸麦设备及工艺

（一）常见的浸麦设备

1. 柱锥形浸麦槽（见图 3.7、图 3.8、图 3.9）

该设备在槽的锥体部位装有多孔环形通风管，槽中心安装一根升溢管，上端装有旋转式喷料管。通风时料水随风力沿升溢管上升，从喷料管喷出，既达到了通风效果，又起到了翻拌作用。更有改进的是去掉升溢管和喷料管，在锥底装有喷头可达到同样效果。但浸麦槽容量小。

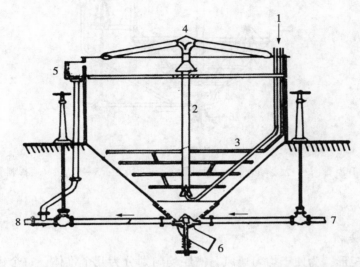

1—压缩空气进口；2—升溢管；3—多孔环形风管；4—旋转式喷料管；
5—溢流口；6—大麦排出口；7—进水口；8—出水口

图 3.7　浸麦槽

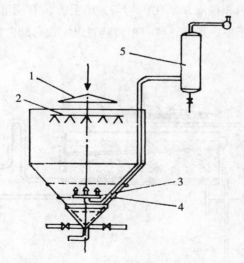

1—麦粒与水分离帽；2—喷水头；3—CO_2 排出器；4—压缩空气管；5—气水分离器

图 3.8　备 CO_2 排除系统的浸麦槽

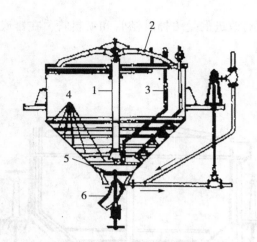

1—升溢管；2—大麦喷管；3—通风管；4—通风管；5—假底；6—撑料管

图 3.9 浸麦槽

2. 矩形浸麦槽

该设备为矩形，为便于均匀通风，槽底均匀划分为几个锥体，每个锥体装有通风管，以保证均匀的通风效果。投料量可达到150t。

3. 平底形浸麦槽

该设备(见图3.10)为圆形平底，底部有筛板假底，物料在筛板上，筛板与槽底之间装有通风管，保证了通风和抽取二氧化碳均匀，槽上方装有喷淋管，可在空气休止时补充水分，避免麦层颗粒干皮。另外还装有出料装置以实现自动出料，投料量可达到300t。

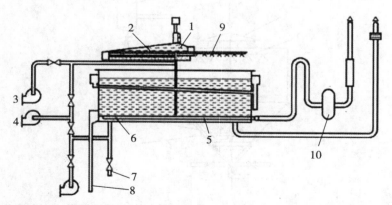

1—出料装置；2—洗涤管；3—洗涤水泵；4—喷水和溢流水泵；5—空气喷射管；
6—筛板假底；7—废水排出管；8—排料管；9—喷水管；10—空气压缩机

图 3.10 平底形浸麦槽

(二)浸麦工艺操作(见表3-2)

表3-2　　　　　　　　　　　浸麦工艺操作

工作步骤	时间(h)	浸泡度(%)	浸泡温度(℃)
湿浸，2小时和3小时后通风	4	32	12
干浸(空气休止)，2小时、4小时、5小时、6小时、7小时后各抽一次CO_2至浸泡结束	20	34	17
湿浸，1小时和3小时后通风	4	38	12
干浸(空气休止)，1小时及2小时后抽CO_2一次，然后连续抽CO_2至浸泡结束	20	40	21
湿浸，1小时后通风	2	44	15
共计	50	44	

浸麦质量考评：浸麦度为43%~48%。露点率：大麦根部的白点，越高越好，表示浸麦是否均匀。

第三节　发　芽

未发芽的大麦，含酶量很少，多数是以酶原状态存在，通过发芽，使其活化和增长，并使麦粒生成大量的各种酶类。随着酶系统的形成，胚乳中的淀粉、蛋白质、半纤维素等高分子物质在酶的作用下，得以分解成低分子物质，使麦粒达到适当的溶解度，满足糖化的需要。

发芽是一种生理生化变化过程。

一、发芽的目的

通过大麦发芽，根芽和叶芽得到适当生长，使麦粒中形成大量的各种酶。

二、发芽机理

大麦开始发芽时，麦粒的胚部吸水后分泌赤霉素输送到糊粉层，诱导产生淀粉酶和蛋白酶，这些水解酶分解胚乳中的蛋白质和淀粉使大麦的营养成分溶解，蛋白质被降解成氨基酸，淀粉被降解成葡萄糖。这些小分子物质再被输送至胚，用以合成新的细胞，生长出大麦的根芽和叶芽。

三、发芽现象

发芽可分为三个阶段：萌发、发芽、发芽结束（见图3.11）。衡量麦粒发芽变化的外观尺度是根芽、叶芽的生长情况，同时，胚乳将变得疏松。麦粒内部物质的溶解，提供根芽、叶芽生长所需的营养，呼吸作用加剧，提供更多的能量。胚的生长最初表现在胚根，然后表现在胚芽上。主胚根首先伸展"露白"，开始分须，根长的粗短、新鲜均匀，表明发芽旺盛。一般淡色麦芽的根芽长度为麦粒长度的1~1.5倍，浓色麦芽为2~2.5倍，在根芽生长的同时，叶芽亦生长，它生长于麦粒的背部。叶芽长度为麦粒长度的0~1/4。一般淡色麦芽的叶芽伸长2/3~3/4的应占70%以上，浓色麦芽的要求是3/4~1的占70%以上。

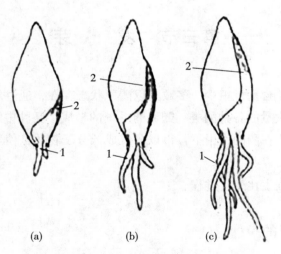

(a)发芽第一天；(b)发芽第三天；(c)发芽第五天

1—根芽；2—叶芽

图3.11　发芽时的麦粒生长变化过程

四、发芽时期的呼吸作用

大麦的胚部和糊粉层是活性组织，通过呼吸作用提供发芽过程中所需要的能量。

呼吸作用分三个时期：

(1)浸渍大麦的呼吸强度比原大麦显著提高，发芽早 1~2 天，其呼吸强度较浸渍大麦无明显增加，麦温上升不明显，不必过多地翻拌。

(2)发芽 3~5 天，大麦出现呼吸高峰，麦粒呼吸强度较浸渍大麦成倍增加，发芽旺盛，麦温明显升高，需加强通风，增加翻拌次数。

(3)发芽后期，当根芽开始凋萎(变黄而萎缩)时，随着贮存物质、呼吸强度逐渐下降，应减少搅拌次数，以保证绿麦芽继续溶解。

五、发芽时的物质消耗

(1)淀粉是胚乳的主要物质，在发芽期间由于酶的形成和呼吸作用而被消耗的淀粉约为大麦物质的 4%~8%；

(2)蛋白质在发芽期间变化大，但损失极微。一部分醇溶蛋白质和谷蛋白分解成低分子含氮物，供胚部生长需要而转移至根芽和叶芽中，重新合成新的蛋白质。在干燥后的除根工序中，根芽中的蛋白质略有下降。麦芽中的蛋白质含量比大麦低 0.1% 左右。

(3)大麦中脂肪含量为 2%~3%，发芽期间因呼吸作用而消耗的脂肪为 0.16%~0.34%，部分被水解为甘油和脂肪酸。

六、发芽工艺技术要求

一般淡色麦芽发芽工艺要求：

(1)发芽水分要求为 43%~46%，冬季高一点，夏季低一点；

(2)发芽温度为 13~18℃，后期不超过 20~22℃。在实际操作中有先高温后低温，或先低温后高温的情况，按大麦品种及特性而定。

(3)连续通风中，通风温度比麦层温度低 1~2℃，相对湿度大于 95%。间歇通风时，浸渍大麦进入发芽箱后 2 小时内必须通风一次，然后再根据麦温情况进行间歇通风，通风温度比麦温低 2~3℃，相对湿度大于 95%；

（4）浸麦度不够时，翻拌时应均匀喷淋给水。加水量和加水次数按发芽需要的水分而定；

（5）翻拌次数，按前期间歇短、后期间歇长的原则，8~12 小时翻拌一次；

（6）发芽时间，夏季 4 天半或 5 天以上，冬季 5 天或 6 天以上，具体时间依大麦品种及其特性和相应的麦芽溶解情况定。浓色麦芽发芽工艺要求：发芽水分 45%~48%，发芽温度 14~25℃，发芽时间 6~8 天。

七、影响大麦发芽工艺的因素

这里所述的因素仅仅是指影响发芽的工业条件，包括温度、水分、时间、通风等，确定工艺条件的标准是必须保证麦芽质量，制麦损失小，浸出物高，能源消耗低，排污少，生产周期短等。

（一）温度

通常将浸麦和发芽温度合并称为浸麦温度。发芽温度有低温、高温、先低后高、先高后低几种方法。根据大麦品种和麦芽类型来确定。

（二）水分

浸渍度同样影响麦芽的质量，通常制浅色麦芽用 45%~46% 的浸麦度，深色麦芽高达 48%，原因是高浸麦度能提高淀粉和蛋白质的溶解度，有利于形成色素。

（三）通风量

发芽前期及时通风供氧、排 CO_2，有利于酶的形成；发芽后期应适当减少通风发芽周期：取决于其他条件的配合，若发芽温度低，则必须适当延长发芽时间。它直接影响发芽设备和浸麦槽的周转率和设备台数。

赤霉酸 GA3 和溴酸的应用：可缩短制麦周期。

浸麦水中加碱：可溶出谷皮中部分多酚物质，还有杀菌功效。

八、绿麦芽质量要求及其控制

(一) 绿麦芽质量要求

1. 感官

有新鲜的黄瓜香气，无霉味及异味，握在手中有弹性、松软感。

2. 发芽率

应在90%以上，至少85%。

3. 根芽

应苗壮、新鲜、均匀，根芽数目约为5倍；浅色麦芽的根芽长度为麦粒长度的1~1.5倍，浓色麦芽的根芽长度为麦粒长度的2~2.5倍。

4. 叶芽长度

发芽需要5天，要求浅色麦芽的叶芽长度为麦粒长度2/3~3/4的占70%以上，浓色麦芽的叶芽长度为麦粒长度3/4~4/5的占70%以上。

5. 胚乳形状

把麦皮剥开，用拇指和食指搓捻胚乳，若呈粉状散开，易碎且润滑者为好；不能搓开而成泥状或糊状的为溶解不良；有粗硬粒或有黏性、有浆水感者溶解也不良；虽能搓开，但感觉粗重者为溶解一般。

(二) 质量控制

1. 防止麦芽发霉

应选择发芽率高、无霉粒和病害粒少的大麦，提高精选、分级效果；浸麦时充分洗涤，加强灭菌，换水时强烈翻拌；进出料时防止麦粒破伤；严格执行卫生制度，发芽箱、通风道等及时清洗和灭菌；发芽期间麦温不超过20℃。

2. 根芽和叶芽控制

从发芽2天开始，经常检查叶芽伸长和根芽凋萎情况；提高发芽温度、水分、供氧量，或在发芽旺盛期间少翻拌次数并使麦芽结块，均能促使根芽生长；大麦品种纯、清洗好、浸麦时间和通风足够，发芽温度、水分不太低，发芽时间足够，可以达到叶芽伸长均匀的目的。

九、发芽设备的维护

箱式发芽设备有发芽室、发芽箱、翻麦机、空调箱、进出料设施等(见图3.12)，每年大修，全面检查，拆修或更新损耗部件，发芽室的墙和顶部涂刷防霉涂料，箱体涂刷防锈涂料。日常做到勤检查、勤加油、勤调节、无油渗漏等现象，并做到：

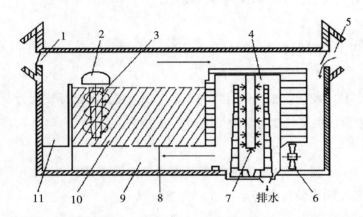

1—排风；2—翻麦机；3—螺旋翼；4—喷雾室；5—进风；6—风机；
7—喷嘴；8—筛板；9—风道；10—麦层；11—走道

图 3.12　萨拉丁发芽箱示意图

(1)启动各种电动机时，操作人员应等运转正常、电流稳定后，方可离开。

(2)翻麦机运转中应注意电流表指针读数是否正常，有无异常声响，行程开关和挡铁器是否有效。如发现问题，应立即停车检修，齿轮传动部件要定期加油，并防止油箱漏油。

(3)翻麦机、刮麦铲设置的电气连锁装量应符合操作要求，转移车道轨对准后方可开车，以防操作失误造成碰撞，发生机械人身事故。

第四节　绿麦芽的干燥

绿麦芽用热空气强制通风进行干燥和焙焦的过程即为干燥。

一、干燥目的

(1)除去绿麦芽多余的水分，使麦芽水分降低到5%以下。

(2)终止绿麦芽的生长和酶的分解作用，并最大限度地保持酶的活力。

(3)经过加热分解并挥发出 DMS 的前体物质，改善啤酒的风味。

(4)除去绿麦芽的生腥味，经过焙焦使麦芽产生特有的色、香、味。

(5)干燥后易于除去麦根。麦根吸湿性强，不利麦芽贮存，有苦涩味并且容易使啤酒混浊。所以，不能将麦根中的成分带入啤酒中。

二、干燥理论

(一)物理变化

1. 水分的变化

浅色麦芽水分降至3%~4.5%，浓色麦芽水分降至1.5%~2.5%。

萎凋过程。麦层温度上升至30~35℃，水分可降至10%左右。在此过程中，不同的麦芽有不同的要求。浅色麦芽要求保存多量的酶活力，而不希望麦粒内容物过分溶解，因此要求通风量更大一些，温度更低一些，水分下降更快一些。浓色麦芽要求内容物在发芽的基础上继续溶解得更完全一些，因此希望通风量小一些，温度高一些，水分下降慢一些。当然最终麦芽的酶活力也比浅色麦芽低很多。

焙焦过程。在此过程中，浅色麦芽水分由10%降至3.5%~4.5%，浓色麦芽水分由10%降至1.5%~2.5%。这个阶段是化学反应脱水，形成麦芽特有的色、香、味。

此阶段要求风量小，温度高，水分下降缓慢。浅色麦芽焙焦温度一般控制在80~85℃，时间为2~2.5小时；浓色麦芽焙焦温度一般控制在95~105℃，时间为2~2.5小时。

2. 容量变化

大麦吸水而增容，干燥而减容。如果工艺上采取低温缓慢干燥，胚乳疏松，容量缩小不是很大。如果高温急速干燥，胚乳紧密，容量就会大大缩小。优质麦芽，干燥去水后，容量不应缩小很多，麦芽的容量应比原大麦增加20%左右。

3. 重量的变化

因为水分减少和物质消耗，一般 100kg 精选大麦浸渍发芽干燥后可制成 83kg 左右干麦芽。

4. 色泽和香味的变化

绿麦芽色泽为 1.8~2.5EBC 单位。浅色麦芽色泽为 2.3~4.0EBC 单位，浓色麦芽为 9.5~21EBC 单位。麦芽的香味与色泽是平行而生的，干燥温度越高，色泽越深，香味也越浓。

(二) 化学变化

1. 生理变化阶段

生理变化阶段是指干燥温度在 40℃ 以下，麦芽含水量不低于 25%，此阶段麦粒的叶芽继续生长，胚乳细胞继续溶解。此阶段物质转化和发芽时基本一致，低分子糖类和可溶性含氮物质仍在增长。

2. 酶的作用阶段

当干燥温度从 40℃ 上升到 75℃ 时，此阶段麦粒生长趋于停止，但酶的活力很强，淀粉酶、蛋白酶、β-葡聚糖酶、磷酸盐酶等继续分解有关的物质，水溶性浸出物和可发酵性浸出物不断增加，这个过程随着水分进一步降低、温度进一步升高而引起酶的钝化逐渐停止。

3. 化学变化阶段

当干燥温度达到 75℃ 以上时，酶的作用停止，开始焙焦过程。此阶段的变化主要是由于高温引起的某些成分之间的化学变化，从而使麦芽产生应有的色、香、味。此阶段直至干燥结束。

(三) 麦芽干燥期间的物质变化

1. 酶的变化

在干燥过程中，随着温度的上升、水分的下降，各种酶的活性均有不同程度的降低。酶对干燥温度的抵抗力，不仅取决于温度的高低，也取决于麦芽中的水分含量。麦芽越干，酶对高温的抵抗力越强。半纤维素酶，对热敏感，超过 60℃ 时，酶活性就迅速降低，经过干燥酶活力仅保存 40% 左右。淀粉酶在干燥温度 70℃ 以下，酶的作用很活跃，当超过 70℃，酶活力就迅速下降，而且糖化力比液化力下降得更显著。浅色麦芽的糖化力残存 60%~80%，浓色麦芽糖化力残存 30%~50%。麦芽糖酶在干燥初期继续增长，干燥后残存 90%~95%。

蛋白酶在干燥前期继续增长，而后迅速降低。浅色麦芽残存 80%~90%，浓色麦芽残存 30%~40%。

2. 淀粉的变化

当水分含量高时淀粉继续分解，当水分降到 15% 以下，而温度又不断升高时，则分解过程逐渐停止。

淀粉的分解与温度和水分都有关系(见表 3-3)，在不同的水分含量有一个界限温度，低于界限温度淀粉便不分解。

表 3-3　　　　　　　　　　　　　**麦芽水分与分解温度的关系**

麦芽水分(%)	分解极限温度(℃)
43	25
34	30
24	50
15	不再产生分解产物

由于浅色麦芽的干燥过程采取的是低温、大风量、去水速度快的工艺，所以阻碍了淀粉的水解作用，所以淀粉分解较少。

浓色麦芽则采取高温、小风量、去水速度慢的工艺，所以会有较多的淀粉分解。

3. 半纤维素的变化

在萎凋阶段，在半纤维素酶的作用下，β-葡聚糖和戊聚糖将继续分解，产生低分子物质，使麦汁黏度下降。所以，经过干燥，β-葡聚糖和戊聚糖的含量有所下降。

4. 含氮物质的变化

在干燥前期，蛋白质分解作用继续进行，麦芽中的可溶性氮和甲醛氮显著增加；在干燥后期，由于类黑精的形成，会消耗甲醛氮，所以数量会显著下降。

蛋白质的分解也和淀粉一样，和水分含量、温度都有关系(见表 3-4)。在一定的水分含量下，分解作用有一个极限温度值，低于此值，蛋白质便不进行分解。

表 3-4 麦芽水分和分解温度的关系

麦芽水分(%)	分解极限温度(℃)
43	23
34	26
24	40
15	50

5. 类黑精的形成

类黑精是一类由还原糖与氨基酸及简单的含氮物质在较高的温度下反应形成的氨基糖，具有色泽和香味。

类黑精形成量的多少，取决于麦芽中存在的还原糖和氨基酸的浓度，以及麦芽水分含量和温度。它们越高，形成的类黑素越多，色泽越深，香味愈浓。

形成类黑精的水分不低于 5%，最适温度为 100~110℃。但在较低的温度下已经开始有少量形成。

类黑精的性质：是一类棕褐色物质，具有着色力和香味；是一类还原性胶体物质；类黑精是部分不溶性物质，部分是可溶性的不发酵的物质；水溶液呈酸性。

6. 多酚物质的变化

在凋萎期，在氧化酶的作用下，花色苷含量有所降低。当升温至焙焦温度时，花色苷含量增加，并在焙焦过程中不断增加，焙焦温度越高，总多酚物质和花色苷含量越高，但聚合指数下降(即总多酚物质与花色苷的比值)。

多酚物质氧化后，与氨基酸经聚合和缩合作用也可形成类黑精。

7. 酸度的变化

干燥后酸度有所增长，一是生酸酶的作用，产生酸性磷酸盐；二是类黑精的形成。

8. 二甲基硫的形成

二甲基硫(DMS)是对啤酒的风味有影响的物质。它的前体物质在发芽时就已形成，不耐热，易受热分解，产生 DMS。在焙焦过程中，绿麦芽中的前体物质的性质发生了变化，这种变化后的前体物质，在发酵期间可被酵母吸收代谢产生 DMS。

加热　发酵

DMS←绿麦芽中的 DMS 前体物质→被酵母吸收不产生 DMS

加热　↓焙焦　发酵

DMS←焙焦麦芽中的 DMS 前体物质→被酵母吸收产生 DMS

说明：

DMS 存在两种前驱体，非活性前驱体和活性前驱体，两者受热都能产生 DMS。焙焦过程中，部分 DMS 前驱体的性质发生了变化，即由非活性前驱体转变为活性前驱体。转化的量取决于干燥的温度和时间。DMS 的活性前驱体在发酵过程中，可被酵母吸收代谢产生 DMS，啤酒中的硫化物主要来自含硫氨基酸及糖化用水。要减少硫化物的生成，就要控制制麦过程，不能溶解过度。

9. 浸出物的变化

在干燥过程中，随着温度的升高，浸出物的含量会下降，其原因有以下几点：凝固性氮增多；类黑精的形成；温度越高，酶破坏的越多，可溶性物质生成的越少，而消耗增多。

(三) 麦芽干燥的操作

由于麦芽干燥设备类型很多，所以麦芽干燥的具体操作方法也不尽一样，但对麦芽干燥的全过程来说，基本上可分三个阶段：

1. 低温脱水阶段

经过强烈通风，将麦芽水分从 41%～43% 降至 20%～25%，排出麦粒表面的水分，即自由水。控制空气温度在 50～60℃，并适当调节空气流量，使排放空气的相对湿度维持在 90～95%。

2. 中温干燥阶段

当麦芽水分降至 20%～25% 后，麦粒内部水分扩散至表面的速度开始落后于麦粒表面水分的蒸发速度，使水分的排除速度下降，排放空气的相对湿度也随之降低，此时应降低空气流量和适当提高干燥温度，直至麦芽水分降至 10% 左右。

3. 高温焙焦阶段

当麦芽水分降至 10% 以后，麦粒中水分全部为结合水，此时要进一步提高空气温度，降低空气流量，且适当回风。淡色麦芽麦层温度升至 82～85℃，深色麦芽麦层温度升至 95～105℃，并在此阶段焙焦 2～2.5 小时，使淡色麦芽水分降低至 3.5%～5%，浓色麦芽水分降至 1.5%～2.5%。

干燥操作前，要首先检查干燥炉的排风口是否打开，回风口是否关闭，进料阀门及下料的管路阀门(高效炉除外)是否关闭，蒸汽散热器的新风口是否关闭，门是否关闭以及风扇是否开启，然后通知锅炉需要用蒸汽时间。开始进料，卸料结束后开始干燥，开启风机，打开干燥温度自动记录装置，并定期检查和调整进风温度和排风温度，做好记录。焙焦结束后，关闭好蒸汽阀门，停止供汽，打开排风窗，关闭风机、回风窗，将风扇的开启程度定为零。

第五节 除 根

出炉麦芽中大多还带有 3%~4% 的根芽，因其对麦汁制备毫无价值而须除去，此过程称为除根。

(1)出炉后的干麦芽要在 24 小时内除根完毕。

(2)除根后的麦芽中不得含有麦根。

(3)麦根中碎麦粒和整粒麦芽不得超过 0.5%。

(4)除根麦芽应冷却到室温。

一、麦芽的冷却

干燥后的麦芽仍有 80℃ 左右的温度，加之麦根较强的吸湿性，尚不能进行贮存，因而要进行冷却。

二、磨光

麦芽出厂前可设置磨光机处理麦芽，以除去附着在麦芽上的赃物和破碎的麦皮，使麦芽外观更加漂亮，口味纯正。

麦芽磨光机主要由两层倾斜筛面组成。第一层筛去大粒杂质，第二层筛去细小杂质，倾斜筛上方飞尘被旋风除尘器吸出。其原理是经过筛选后的麦芽落入急速旋转的带刷转筒内(转速 400~450r/min)，被波形板面抛掷，使麦芽受到刷擦、撞击，达到清洁除杂的目的。磨光机附有鼓风机，以排除细小杂质。麦芽的磨光损失占干麦芽重量的 0.5%~1%。

三、干燥麦芽的贮存

除根后的麦芽，一般都经过 6~8 周(最短 1 个月，最长为半年)的贮存后，再投入使用。

(1)因干燥操作不当而产生的玻璃质麦芽，在贮存期间向好的方面转化。

(2)新干燥麦芽经过贮存，蛋白酶活性与淀粉酶活性得以提高，增进含氮物质的溶解，提高麦芽的糖化力(约 1%~2%)及麦芽的可溶性浸出物，可改善啤酒的胶体稳定性。

(3)高麦芽的酸度，有利于糖化。

(4)麦芽在贮存期间吸收少量水分后，麦皮失去原有的脆性，粉碎时破而不碎，利于麦汁过滤；胚乳也失去原有的脆性，质地得到了显著改善。

第六节　麦芽的质量评价

麦芽的性质决定啤酒的性质，为了使麦芽能在啤酒酿造中得到合理的利用，必须了解其特性。麦芽的性质复杂，不能通过个别的方法或凭个别的数据来判断其质量，所以，要想对麦芽质量做比较准确的评价，必须对麦芽的性质有比较全面的认识，即必须对它的外观特征及其一系列的物理和化学特性进行全面判断，才能做出比较确切的评价。

一、感官特征

麦芽感官特征及其评价见表 3-5。

表 3-5　　　　　　　　　　　　麦芽的感官特征

项　　目	特征与评价
夹杂物	麦芽应除根干净，不含杂草、谷粒、尘埃、枯草、半粒、霉粒、损伤粒等杂物

续表

项　目	特征与评价
色　泽	应具淡黄色、有光泽，与大麦相似。发霉的麦芽呈绿色、黑色或红斑色，属无发芽力的麦粒。焙焦温度低、时间短，易造成麦芽光泽差、香味差
香　味	有麦芽香味，不应有霉味、潮湿味、酸味、焦苦味和烟熏味等。麦芽香味与麦芽类型有关，浅色麦芽香味小一些，深色麦芽香味浓一些，有麦芽香味和焦香味

二、物理特性

麦芽物理和生理特性及其评价见表3-6。

表 3-6　　　　　　　　　　　麦芽的物理和生理特性

项　目	特性与评价
千粒重	麦芽溶解越完全，千粒重越低，据此可衡量麦芽的溶解程度。千粒重为30~40g
麦芽相对密度	相对密度越小，麦芽溶解度越高。低于1.10为优，1.1~1.13为良好，1.13~1.18为基本满意，高于1.18为不良。相对密度也可用沉浮试验反映，沉降粒小于10%为优，10%~25%为良好，25%~50%为基本满意，大于50%为不良

第四章

啤酒酵母的制备

啤酒酵母属于酵母属，在酸性的含糖水溶液（麦汁）中，通过外部的细胞膜（质膜），它们会吸收溶解的糖、简单的含氮物质（氨基酸和非常小的分子肽）、维生素、离子等物质，然后它们通过代谢途径利用这些物质，用于自身的生长和发酵，同时产生丰富的啤酒风味物质。因此酵母是啤酒发酵的主导者，是啤酒酿造的灵魂；酵母的类别和质量决定着啤酒的种类和风味。

第一节　啤酒酵母的特性

一、啤酒酵母在分类学上的位置

按照微生物分类系统，啤酒酵母属于真菌门，子囊菌纲，原子囊菌亚纲，内孢霉目，内孢霉科，酵母亚科，酵母属，啤酒酵母。

工业生产上应用的酵母菌都属于酵母属，在自然界分布很广，有很多菌种，其中以啤酒酵母最为重要。啤酒酵母种类较多，不同品种的菌株，在形态以及生理上都有明显的区别。

二、啤酒酵母的命名

啤酒酵母是根据国际命名法则命名的。啤酒酵母的学名为 *Saccharomyces cerevisiae*，拉丁语 cerevisiae 意为麦酒。

啤酒酵母又分为上面发酵酵母和下面发酵酵母。汉生(Hansen)首先从苏格兰爱丁堡啤酒厂分离出上面发酵的纯粹培养酵母，此类啤酒酵母即命名为 *Saccharomyces cerevisiae* Hansen。而后，汉生又在丹麦卡尔斯伯啤酒厂分离出下面发酵的纯粹培养酵母，命名此类啤酒酵母为 *Saccharomyces carlsbergensis* Hansen。许多菌种，在种内包括有变种。表示变种的学名，是在该细菌学名后面加变种名称，并在变种名称前加 var.（variety），意即变种。如啤酒酵母浑浊变种的学名为 *Saccharomyces cerevisiae* var. turbidans。

三、酵母菌的分类

(一)分类原则

酵母的分类较复杂，除了根据其形态特征外，还必须结合其生理生化特征。

1. 形态特征

形态特征包括观察酵母在麦汁琼脂上的菌落形态、颜色、质地，在麦汁培养基中产醭、菌环、沉淀等外观，以及酵母在麦汁中及载片培养时营养细胞的形态、大小、繁殖方法、子囊孢子的形态及大小等。

2. 生理生化特征

生理生化特征包括发酵各种糖的能力，利用各种碳水化合物生长的能力，同化酒精的能力，能否利用硝酸盐，分解杨梅素，产生胡萝卜素，产生酯类，发酵牛奶，形成酸等。

酵母的分类系统过去很不一致，子层荷兰的酵母工作者娄德(Loder)于1952年发表了酵母分类的系统著作之后，酵母的分类工作才较为一致。

(二)培养酵母和野生酵母

1. 培养酵母

啤酒厂中所使用的啤酒酵母属于有孢子真酵母菌，是由野生酵母经过系统、长期的驯化，并经过反复使用和考验，具有正常生理状态和特征，适合于啤酒工厂生产要求的培养酵母。

2. 野生酵母

啤酒厂将凡是与培养酵母的形态和特征不一样，不为生产所控制利用的酵母称为野生酵母，如巴氏酵母，在自然界分布很广，存在于啤酒厂，妨碍啤酒的正常发酵，对啤酒生产有很大危害。

3. 培养酵母和野生酵母的区别

单纯从外观形态上区别培养酵母和野生酵母是困难的，主要应从抗热性能、发酵糖类的性能、形成孢子的情况、在选择培养基上的生长情况等生理特征以及利用免疫荧光技术加以区别（见表4-1）。

表 4-1　　　　　　　　　　　培养酵母和野生酵母的区别

区别项目	培养酵母	野生酵母
细胞形态	圆形或卵圆形	有圆形、椭圆形、柠檬形等多种形态
抗热性能	在53℃的水中，10分钟死亡	比培养酵母能耐较高的温度
孢子形成	较难形成	交易形成，有的野生酵母不形成孢子，但可以从细胞形状区别
糖类发酵	对葡萄糖、半乳糖、麦芽糖、果糖等均能发酵，能全部或部分发酵棉籽糖	绝大多数野生酵母不能全部发酵左旋的糖类
含放线菌酮的培养基(0.2mg/L)	不能生长	非酵母属的野生酵母可耐受
以赖氨酸为唯一碳源的培养基	不能生长	非酵母属的野生酵母可生长
含结晶紫的培养基(20mg/L)	不能生长	酵母属的野生酵母可生长
棉衣荧光试验	可以区别	可以区别

（三）上面酵母和下面酵母

上面酵母又称顶面酵母，啤酒厂使用的上面酵母是纯粹培养酵母；下面酵母又称底面酵母或储存酵母，啤酒厂使用的下面酵母也是纯粹培养酵母。下面酵母是在不断变化的外界因素影响下，由上面酵母演变而来的。

1. 上面酵母和下面酵母形态和生理特征区别

上面酵母和下面酵母形态和生理特征区别见表4-2。

表 4-2   上面酵母和下面酵母的区别

区别项目	上面酵母	下面酵母
细胞形态	多呈圆形，多数细胞集结在一起	多呈卵圆形，细胞较分散
发酵时的生理现象	发酵终了，大量细胞悬浮在液面	发酵终了，大部分细胞凝集在容器底部
芽细胞分支	生长培养时，生出有规则的芽细胞分支，易形成芽簇	芽细胞分支不规则，且易分离，不易形成芽簇
对棉籽糖发酵	能将棉籽糖分解为蜜二糖和果糖，只发酵三分之一的果糖部分	能全部发酵棉籽糖
对蜜二糖发酵	缺乏蜜二糖酶，不能发酵蜜二糖	含蜜二糖酶，能发酵蜜二糖
37℃培养	能生长	不能生长
孢子的形成	培养时相对较易形成孢子	很难形成孢子，只有用特殊培养方法才有可能
产生 H_2S 或甲基硫醇	较低	较高
呼吸活性	高	低
对甘油醛发酵	不能	能
利用酒精生长	能	不能

2. 其他区别

在同等浓度麦芽糖和半乳糖的基质中，上面酵母对麦芽糖发酵甚快，而对半乳糖缺少作用；下面酵母与之相反，在发芽麦芽糖前先发酵半乳糖。

两类酵母细胞对葡萄糖、麦芽糖和半乳糖的渗透能力也有区别。两类菌株均需要在前培养基中有半乳糖存在，才能渗透半乳糖。若前期培养系在半乳糖培养基中，则下面酵母渗透葡萄糖和半乳糖的速率比上面酵母高2倍；上面酵母对麦芽糖的渗透能力比下面酵母高约20倍。

在麦汁中，上面酵母只能产生少量 SO_2，在同样条件下，下面酵母则能产生较多的 SO_2。只有在蔗糖存在而无泛酸盐存在的情况下，上面酵母才能产生较多的 SO_2；而下面酵母均能产生较多的 SO_2。

(四)凝聚酵母和粉状酵母

1. 凝聚酵母

啤酒酵母的凝聚性是酵母的生理特征之一,凝聚的强弱受基因控制极不一致。凝聚酵性强的酵母,从酒液中分离早,酒液中细胞密度低、沉淀快、发酵慢、发酵度低。凝聚性弱的酵母,与酒液分离晚,酒液中细胞密度高、沉淀慢、发酵快、发酵度高,回收酵母少、啤酒过滤困难。介于强弱之间的凝聚性则有较大的范围,酿造者应根据自己生产啤酒的类型进行选择。每一种菌种均有其一定的凝聚特点,在其他条件不变的情况下,凝聚性的改变往往是菌种变异的象征。

2. 粉状酵母

粉状酵母又称絮状酵母。长时间悬浮在发酵液中不易沉淀,发酵结束时只有极少量松散的酵母沉淀为粉状酵母。上面酵母和下面酵母中均有粉状酵母。粉状酵母发酵快、发酵度高,但回收困难,需用离心机回收酵母。(凝聚酵母与粉状酵母的区别见表4-3)

表 4-3   凝聚酵母与粉状酵母的区别

酵母种类	凝聚酵母	粉状酵母
发酵时的情况	酵母易于凝聚沉淀(下面酵母)或凝聚后浮在发酵液液面	不易凝聚
发酵终了	很快凝聚,沉淀密致,或于液面形成致密的厚层	长时间地悬浮在发酵液中,很难沉淀
发酵液澄清情况	较快	不易
发酵度	较低	较高
回收情况	容易回收	不易回收

四、酵母的形态与结构

酵母是一个俗称,一般泛指能发酵糖类的各种单细胞真菌。由于不同的真菌在进化和分类地位上的异源性,因此很难对酵母下一个确切的定义。通常认为,酵母具有以下五个特点：个体通常以单细胞存在；多数出芽繁殖；能发酵糖类产能；细胞壁含有甘露聚糖；常生活在含糖量较高、酸度较大的水、土环境中。

(一)酵母的形态

自然界中的酵母形态以圆形为主，常见的有卵圆形、球形、柱形、腊肠形、瓶形、三角形。细胞大小一般为$(2.5 \sim 10)\mu m \times (4.5 \sim 21)\mu m$。啤酒酵母呈圆形或卵圆形，细胞大小一般为$(3 \sim 7)\mu m \times (5 \sim 10)\mu m$。培养酵母的细胞平均直径为$4 \sim 5\mu m$，不能游动。啤酒酵母细胞形态往往受环境影响而变化，但在环境好转后，仍可恢复原来的形态。啤酒酵母在麦汁固体培养基上，菌落呈乳白色、不透明，但有光泽，菌落表面光滑、润湿、边缘整齐。随着培养时间的延长，菌落光泽逐渐变暗，菌落一般较厚，易被接种针挑起。啤酒酵母在液体培养基中，会在液体表面产生泡沫。常因菌种悬浮在培养基中而呈浑浊状。发酵后期，有的酵母悬浮在液面，形成一层厚膜，如上面发酵酵母；有的沉积于底部，如下面发酵酵母。

(二)酵母细胞的结构

在显微镜下观察啤酒酵母细胞的结构，主要有细胞壁、细胞膜、细胞核、细胞质、液泡、线粒体等(见图4.1)。

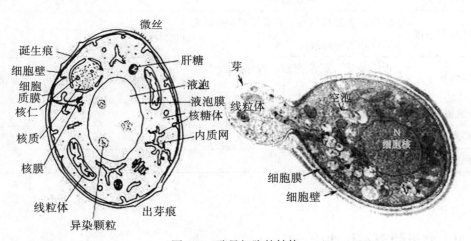

图4.1 酵母细胞的结构

1. 细胞壁

细胞壁位于细胞的最外层，具有一定的弹性，决定着酵母细胞的形状和稳定性，约占细胞质量的 30%，壁厚 100~200nm。细胞壁由大分子的物质组成，主要成分为30%~40%的甘露聚糖(即酵母胶体)和 30%~40%的葡聚糖。位于细胞外部的甘露聚糖与磷结合，而位于细胞里面的葡聚糖与硫以酯键连接，总复合物还包括蛋白质和酶，它们通过细胞膜分解物质进行输送，所以细胞壁的结构具有重大意义。除此之外，细胞壁还含有蛋白质、脂肪、矿物质。

2. 细胞膜

细胞膜紧贴细胞壁的内面，厚度约 150nm，是一层半透性的膜，构成细胞壁的基础物质。细胞膜调节着细胞内的渗透压，调节着营养物质的吸收和代谢物的排出，形成酵母细胞的渗透框架。同时，细胞膜可分离出胞外酶，胞外酶由酵母细胞形成，但在酵母细胞外起作用。

细胞膜中最重要的基础物质是磷脂，磷脂具有对其他作用而言非常重要的典型结构。每两个脂肪酸残基与甘油产生酯化反应，在甘油的第三个-OH 根上，通过磷基结合了一个氨基酸(磷脂)。

脂肪是细胞膜的主要组成物质，其形成过程消耗很多能量，同时需要氧气存在，在此过程中脂肪酸的一部分转化为熔点较低、运动性更好的不饱和脂肪酸，缺乏氧气时细胞的形成会提前停止。

3. 细胞质

细胞质占细胞体积 50%以上，是细胞内部最重要的部分，是细胞的反应中心。大多数营养物质的分解代谢及细胞自身基础物质的合成过程都在这里完成，整个中间物质代谢：糖解、脂肪酸的分解、蛋白质的生物合成以及其他过程都在这里同时进行。

营养物质丰富的时候，如发酵开始时，酵母细胞的储存物质会增加，糖原这种储备碳水化合物的含量可超过酵母干物质的 30%，储存在细胞质中，海藻糖这种双糖也会储备，此外还有酵母形成新的细胞物质所必需的磷和脂肪。

细胞中通常会充满酸性细胞液和液泡，这里储存着特定的蛋白质和多余的盐类，部分为结晶形式，当外部的渗透压由于较高的浸出物或酒精含量上升时，细胞可以通过结晶盐的可逆变化调整其内部压力。

4. 细胞核

细胞核直径为 0.5~1.5μm，经染色后可以观察到。细胞核被核膜包围，其主要化学组成是脱氧核糖核酸(DNA)和蛋白质，是遗传物质的承载体，控制着酵母的新陈代谢。

5. 液泡

在显微镜下，常可看见酵母细胞中充满水性细胞液的液泡，酵母细胞可在液泡中段时间储存代谢产物，此外液泡中还储存了海油细胞的磷酸盐。

6. 颗粒

细胞中的颗粒是酵母的贮藏物质和细胞的代谢产物，包括异染颗粒、肝糖和脂肪粒等。异染颗粒中含有较多的核酸或核酸化合物，主要为核糖核酸。幼细胞生活力强，不易积累，含异染颗粒较少，老细胞中积累较多。肝糖是酵母的贮藏物质，在旺盛繁殖的幼细胞中很明显。一般酵母培养 48 小时，肝糖含量达到高峰，用碘化钾溶液可染成棕色。脂肪粒分散于细胞中，大小不等。当酵母形成子囊孢子时，脂肪粒用苏丹溶液可染成红色。

7. 线粒体

线粒体一般是看不到的，形状随培养条件改变而异。在好氧条件下，特别是葡萄糖含量很低时，线粒体均匀分布在细胞质内；在厌氧条件下，线粒体黏附成厚束，分布在细胞外围。线粒体含有细胞色素和呼吸酶，负责糖类的氧化代谢，分解为二氧化碳和水，同时在产生、积累和分配细胞的能量方面起重大作用。

五、酵母的繁殖与生长

(一)酵母的繁殖

酵母的繁殖方式可分为有性繁殖和无性繁殖，其中以无性繁殖为主。

1. 无性繁殖

(1)芽殖。

这是酵母菌最普遍的繁殖方式，开始由母细胞生成芽细胞(见图 4.2)，当芽细胞成长至差不多大小后从母细胞分离，形成新的细胞。

(2)假菌丝。

当处于生长旺盛阶段时，由于新生成的芽细胞还没有来得及从母细胞中分离便又生成新的芽细胞，这样便形成了酵母菌的假菌丝。

(3)裂殖。

裂殖是动物细胞生殖最常见的方式，也是酵母菌的一种生殖方式，首先母细胞核分裂为两个，然后这两个细胞核向两边拉伸母细胞，最终分裂为两个新的细胞(见图4.3)。

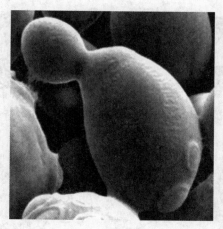

图4.2　芽细胞

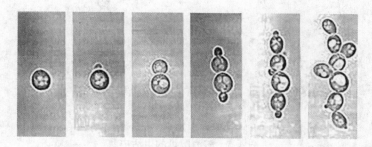

图4.3　裂殖

2. 有性繁殖

两个酵母菌通过接触并融合后形成子囊孢子(见图4.4)，子囊孢子在适宜的环境下萌发，然后孢子分离母细胞后开始生长，并重新以出芽的方式进行繁殖。

(二)酵母的生长

酵母菌在生长繁殖过程中也遵循幼而壮、壮而老、老而衰、衰而死的生物生长规律。把一定数量的酵母菌，接种于合适的液体培养基中，在适宜的温度下培养时，它的生长过程具有一定的规律性(见图4.5)。在其生长过程中，定时取样计算酵母细胞数量，然后以酵母细胞数的对数作纵坐标，生长时间作横坐标，绘制所得的曲线图称为生长曲线(见图4.6)。

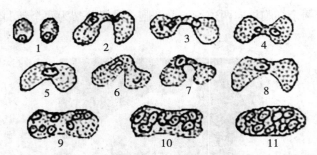

1~4—两个细胞接合；5—接合子；6~9—核分裂；10~11—形成子囊孢子

图 4.4　酵母菌子囊孢子形成示意图

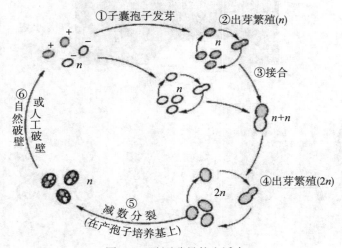

图 4.5　酿酒酵母的生活史

分析酵母的生长曲线，大致可划分为四个阶段(见图 4.6)：

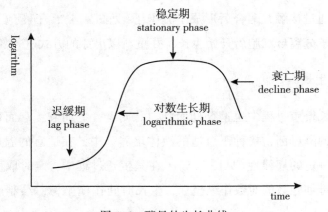

图 4.6　酵母的生长曲线

1. 迟缓期

酵母菌刚接入新的培养液中，一般并不立即开始生长，而是需要经过一定的时间才开始生长，这是由于细胞内各种酶系要有一个适应的过程，这段时间就叫作迟缓期或者调整期。迟缓期的长短与接入菌种的老幼、培养液的成分、菌种的种类有关。如果菌种来自生长旺盛的培养液，麦芽汁温度适宜，适当充气供氧，麦汁营养充足，则迟缓期短，反之则长。在此期间，酵母细胞并不增加(即增值速度为零)，但每个细胞体积增大，细胞质变得更加均匀，贮藏颗粒物质逐渐消失，代谢机能变得非常活跃，然后开始出芽繁殖，生长速度逐渐加快，可能需要数小时。

在生产中，为缩短生长周期，通常希望调整期短一些，可以通过增加接种数量、采用处于对数生长期的酵母细胞做种子等措施来实现。

这里可以添加一个"加速期"，此阶段紧接着迟缓期，细胞分离速度加快。

2. 对数生长期

酵母经过迟缓期后，就以最快的速度进行繁殖，进入对数生长期。此时，酵母每增殖一次，所需时间最短，酵母在恒定时间内，每个细胞进行芽殖，由一个细胞变两个，两个细胞变四个，即以 $2n$ 的速度增长，指数 n 代表酵母细胞增殖世代(细胞生殖的一个周期)的数目。无论开始时细胞数目多少，其繁殖率总是 $2n$。新细胞增殖所需要的时间称为世代时间(G)，繁殖的每个世代时间随菌种和培养条件相差甚大。

如果酵母培养的总时间为 t，以 X_0 表示接入培养基的酵母数，经过 t 时间培养后，测得其细胞总数为 X_t。公式：$X_t = X_0 \times 2n$

由此可求出 n，即在 t 时间内增殖世代数：

$$\lg X_t = \lg X_0 + n \lg 2$$

$$n = (\lg X_t - \lg X_0)/\lg 2 = 3.32 \lg(\lg X_t/\lg X_0)$$

因为世代时间 $G = t/n$，由此可求：

$$G = t/(3.32 \lg(X_t/X_0))$$

在对数生长期中，酵母细胞数目的增加与时间成正比关系。在对数生长阶段，世代时间是稳定的。酵母在最适条件下生长的世代时间为 2 小时。影响世代时间的主要因素除菌种本身外，营养物质的浓度是主要的，此外还有培养温度、pH 值、渗透压和代谢产物浓度等因素。处于对数生长期的酵母细胞，其个体形态和生理特性比较正常，代谢旺盛，生长速度恒定。

这里可以添加一个"稳定期"，此阶段紧接着对数生长期，由于各种因素，比如底物减少，抑制生长的代谢物增加等，此阶段酵母细胞的增殖速度逐渐减小。

3. 稳定期

酵母菌体培养到一定时间大量繁殖后，培养基内的营养物质逐渐耗尽，代谢产物（如酒精、二氧化碳等）积累，pH 值也改变，使之对细胞快速增殖产生抑制作用，细胞不再以指数率无限地生长，自溶数和繁殖数二者达到平衡，维持一个动态平衡，使酵母细胞数维持为恒定值。

4. 衰亡期

酵母菌生长到后期，培养基中养分大量消耗，代谢产物更多，环境条件对酵母生长逐渐不利。此时酵母细胞大量衰老，细胞自溶不断增多，活酵母逐渐减少。末期，繁殖几乎等于零，死亡率急剧增加。

生产中为了缩短发酵时间，往往采取各种措施使酵母及早进入对数生长期。如在酵母扩培阶段直接扩培至生产规模，选择在酵母增殖的对数生长期进行接种，以缩短酵母增殖的调整期。

六、酵母所需的营养

酵母细胞由多种化学物质组成。其中最主要的是蛋白质、核酸、多糖和脂类这四类大分子，他们约占细胞干重的 96%。其余就是组成它们的单体以及无机盐等。水约占 70%，此外还有有机酸、维生素、激素等有机化合物。这些化学物质均由碳、氢、氧、氮、磷、硫以及其他为数不多的化学元素构成。这些化学元素都来自胞外环境。酵母细胞利用含这些化学元素的物质制造其细胞物质和组分，并进一步将它们组织成细胞结构。在微生物的营养中有以下 6 大要素物质，它们是：碳源、氮源、能源、无机盐、生长因子、水。

（一）碳源

碳是微生物细胞需要量最大的元素。能提供微生物营养所需碳元素的营养物质被称为碳源。能被微生物用作碳源的物质种类极其广泛，简单的无机含碳化合物（CO_2、$NaHCO_3$ 和 $CaCO_3$ 等）、比较复杂的有机物（烃类、醇类、羧酸、脂肪酸、糖及其衍生物、杂环化合物、氨基酸和核苷酸等）、复杂的有机大分子（蛋白质、脂类和核酸等），乃至复杂的天然含碳物质（牛肉膏、蛋白胨、花生饼粉、糖蜜、石油及其不同的馏分等)都可以被不同的微生物利用。甚至像二甲苯、酚等有毒物质均可以被少数微生物用作碳源。不同营养类型微生物利用不同的碳源。为数众多的异养微生物常利用某类有机化合物中的一种或几种物质作为它们的碳源。

糖类是微生物利用最广泛的碳源，尤其是葡萄糖。其次是醇类、有机酸和脂肪酸等。

(二)氮源

氮是微生物细胞需要量仅次于碳的元素。能提供微生物生长代谢所需氮元素的营养物质称为氮源。能被微生物用作氮源的物质种类也很广泛：有分子态氮、氨、铵盐和硝酸盐等无机含氮化合物；尿素、氨基酸、嘌呤和嘧啶等有机含氮化合物。

(三)无机盐

微生物还需要很多其他元素，如磷、硫、钾、镁、钙、钠和铁等大量元素，以及钴、锌、钼、铜、锰、镍和钨等微量元素。这些元素大多是以无机盐的形式提供的。其中，镁、钾、钠、铁、钴、锌、钼、铜、锰和镍等金属元素来源于无机盐的阳离子，而磷、硫等非金属元素绝大多数来自无机盐的酸根。

无机盐的需要量虽然远小于碳、氮，但其重要性并不亚于它们。它们的生理功能可归纳为：提供微生物细胞化学组成中的重要元素，如磷和硫分别为核酸与含硫氨基酸的重要组成元素；参与并稳定微生物细胞的结构，如磷参与的磷脂双分子层构成了细胞膜的基本结构，钙参与细菌芽孢结构的皮层组成，镁有稳定核糖体和细胞膜的作用；与酶的组成和活力有关。如铁是细胞色素氧化酶的必要组分，镁、铜和锌等是许多酶的激活剂；调节和维持微生物生长过程中诸如渗透压、氢离子浓度和氧化还原电位等生长条件，如钠和钾有调节细胞渗透压的作用，由磷酸盐组成的缓冲剂能保持微生物生长过程中 pH 值的稳定，含硫的硫化钠和含疏基的疏基乙酸、半胱氨酸、谷胱甘肽和二硫苏糖醇等可降低氧化还原电位；用作某些化能自养型细菌的能源物质；用作呼吸链末端的氢受体。

(四)生长因子

许多微生物除了上述的物质以及能源之外，还必须在培养基中补充微量的有机营养物质才能生长或者生长良好，这些微生物生长所不可缺少的微量有机物质就是生长因子。生长因子有维生素、氨基酸、嘌呤碱和嘧啶碱、卟啉及其衍生物、固醇、胺类、$C2 \sim C6$ 直链或分支脂肪酸等。一些特殊的辅酶也能用作生长因子。能提供生长因子的天然物质有酵母膏、蛋白胨、麦芽汁、玉米浆，等等。

生长因子的主要功能是提供微生物细胞重要化学物质（蛋白质、核酸和脂质）、辅助因子（辅酶和辅基）的组分和参与代谢。

（五）水

水在细胞中的存在形式分为结合水与自由水：结合水是细胞结构的重要组成成分，用以保持生物活性（种子细胞中的结合水如果失去，那么将不再可发芽）；自由水如下所述（失去自由水只要再次吸水后仍可再发芽）。

水是微生物营养中不可缺少的一种物质。这并不是由于水本身是营养物质，而是因为水是微生物细胞的主要化学组成：水是良好的溶剂；水具有运输物质的作用；水本身参与许多化学反应；水是良好的热导体，保证细胞内的温度不会因为代谢过程中能量的释放而骤然上升；水还有利于生物大分子结构的稳定。

在酵母的不同生长阶段中，每个生长阶段的时间长短和强度主要受底物、温度和酵母生理状态的影响。底物必须含有生长必需的营养物。同样，底物的水分含量、pH值和氧气浓度对生长也很重要。

七、酵母的新陈代谢

生命的典型特征是生长和繁殖，维持生命需要持续的物质转化，即新陈代谢。其作用有以下两个方面：吸收可利用的物质作为营养，将其转化为机体本身的物质；获得生命功能所需要的能量。为保证新陈代谢功能的进行，酵母必需有机物质，特别是糖形式的碳水化合物。酵母既可以在有氧的情况下利用糖（耗氧性），又可以在无氧的情况下分解糖（厌氧性）。耗氧且释放能量多的过程称为呼吸，厌氧且释放能量的过程称为发酵。通过呼吸和发酵获取能量的反应过程非常复杂且步骤繁多，每个反应步骤都由特殊的酶催化。在酵母细胞中，酶以一定的细胞结构连接。酶的呼吸链主要在线粒体上，而酶的发酵主要在细胞质的基础物质中进行。有机物的呼吸或发酵是以细胞内容物的输送为前提条件的。酵母细胞通过细胞壁吸收营养物质，由细胞膜进行调节。

酵母细胞只能吸收与输送机理相适应的物质，而这又取决于酵母细胞中酶的多样性。

(一)碳水化合物的代谢

在碳水化合物中，只有糖分能提供酵母呼吸或发酵。区别各种酵母的重要标准是它对不同糖分的呼吸或发酵能力。原则上所有能被酵母发酵的糖，也可以被酵母呼吸消耗；反之则不行。酵母对糖进行耗氧分解还是厌氧分解，这主要取决于有无氧气存在，在有氧情况下，酵母通过呼吸能取得能量；而在无氧情况下，则进行发酵。酵母是唯一能从呼吸转变到发酵的生物，正是基于这种转变才有了千百年的酒精饮料生产。

快速起发对酵母能量消耗很大，所以在发酵开始前必须给酵母提供足够的氧气，以使酵母获取能量进行发酵。而在后面的发酵及成熟阶段，生产过程在无氧状态下进行。对于啤酒酵母来说，主要碳水化合物的来源是低分子糖。酵母可以利用许多单糖、双糖和寡糖。而聚糖如淀粉和纤维素，则不能被酵母利用。了解哪些糖能被酵母发酵，这对啤酒酿造来说十分重要。可发酵的碳水化合物(按照酵母利用的顺序)有：单糖(葡萄糖、果糖、甘露糖、半乳糖)，双糖(麦芽糖、蔗糖)，三糖(棉籽糖、麦芽三糖)(并非所有的酵母都能利用)。

一小部分糖没有被发酵，而是以化学能量的形式储存于酵母细胞中，必要时用于维持生命功能。细胞中最重要的化学储存物是腺苷二磷酸(ADP)和腺苷三磷酸(ATP)，ATP 参与每个生命过程，是生命所必需的能量储存物和转载物。没有 ATP，酒精发酵根本不可能进行。

(二)蛋白质的代谢

酵母需要氮化合物来合成酵母细胞自身的蛋白质。在无机氮中，酵母主要利用铵盐，但麦汁中的铵盐含量很少，酵母的主要氮源为氨基酸和低分子肽。

酵母不能直接将麦汁中的氨基酸合称为自身细胞蛋白质。蛋白质代谢过程由一系列复杂的生化过程组成。因此这些转化过程与发酵副产物的形成密切相关，如高级醇、连二酮、酯和有机酸等。由氨基酸形成高级醇即所谓的杂醇油就是这种转变的一个实例。氨基酸脱羧形成高级醇，亮氨酸脱羧可形成异戊醇。

酵母新陈代谢产物的形成以及分解取决于许多因素，如温度、压力、pH 值等。发酵副产物的含量对啤酒的口味及风味影响很大。

(三) 矿物质的新陈代谢和生长因子

酵母的新陈代谢还取决于足够的矿物质和生长因子，这些物质的作用不可低估。部分离子对酶促反应影响很大，如钾离子与ATP仪器促进所有的酶促反应，对于能量代谢和细胞壁的物质输送很重要；钠离子使酶活化，在细胞膜的物质输送中起重要作用；钙离子可以被锰离子、镁离子所取代，延缓酵母退化，促进凝固物的形成；镁离子对有磷参与的反应十分重要，特别是在发酵中不可取代；很少量钙离子就会抑制某些酶；铁离子对酶的呼吸代谢很重要，可促进酵母出芽繁殖；锰离子在代谢中可取代铁离子，促进细胞繁殖和细胞形成；锌离子有利于蛋白质的合成，其需求量为0.2mg/L麦汁，缺锌可使发酵出现问题；硝酸根离子可被细菌还原为亚硝酸根，对细胞有毒性，极不利于发酵。

酵母接种后，开始在麦汁充氧的条件下，恢复其生理活性，以麦汁中的氨基酸为主要的氮源，可发酵糖为主要的碳源，进行呼吸作用，并从中获取能量而发生繁殖，同时产生一系列的代谢副产物，此后便在无氧的条件下进行酒精发酵。

发酵副产物的形成和分解：

生青味物质：双乙酰、醛、硫化物，使啤酒口味不纯正、不成熟、不协调。

芳香物质：高级醇、酯，决定啤酒的香味。

以上主、副产物的数量与性质决定了啤酒的质量。它们影响啤酒质量的方面有：

(1)口味：双乙酰含量高了有馊饭味，乙醛含量高了有生青味，高级醇含量高了有异臭味等。

(2)泡沫：CO_2含量高则相应的泡沫要多些。

(3)香味：酯类物质含量高会带来不同的酯香味。

(4)稳定性：包括风味稳定性、生物稳定性和非生物稳定性等方面。

八、啤酒酵母的扩大培养

啤酒酵母扩大培养是指从斜面种子到生产所用的种子的培养过程。酵母扩培的目的是及时向生产中提供足够量的优良、强壮的酵母菌种，以保证正常生产的进行和获得良好的啤酒质量。一般把酵母扩大培养过程分为两个阶段：实验室扩大培养阶段(由斜面试管逐步扩大到卡氏罐菌种)和生产现场扩大培养阶段(由卡氏罐逐步扩大到酵母繁殖罐中的零代酵母）。扩培过程中要求严格无菌操作，避免污染杂菌，接种量要适当。

(1)出发菌株的分离：平板分离培养法，划线分离法。

(2)实验室扩大培养：斜面试管→富氏瓶或试管培养→巴氏瓶或三角瓶培养→卡氏罐培养。

(3)生产现场扩大培养：汉生罐→一级繁殖罐→二级繁殖罐→发酵罐。

九、影响酵母生长的因素

微生物的生长受到它们所处环境因素的影响极大。微生物可能在某些有害条件下不能声张，但却可以忍受而不至于死亡，因而必须区分环境条件对微生物存货的影响与对微生物生长、分化和繁殖的影响之间的差别。比如某些条件下只会降低微生物的活性，但是达到临界点后完全永久性失活。

(一)温度

温度是影响微生物生长的一个重要因子。温度太低，可使原生质膜处于凝固状态，不能正常地进行营养物质的运输或质子梯度，因而生长不能进行。当温度升高到适宜温度时，由于细胞内酶的催化作用使得化学反应以较快的速度进行，从而生长速率加快。

然而，当超过临界温度时，蛋白质、核酸和细胞其他成分就会发生不可逆的变性作用。因此，当温度在给定范围内升高时，代谢和生长就会加速，当超过临界点时完全失活。每种微生物都有三种基本温度，即最低生长温度、最适生长温度和最高生长温度。根据微生物的生长温度范围，可将其分为嗜冷微生物、嗜温微生物、嗜热微生物和嗜高热微生物。

由于酵母菌种的不同，每种酵母都有自己独立的最适温度，一般而言上面酵母的最适温度要高于下面酵母，具体的酵母温度应当参考所购酵母厂商给出的指标进行控制。

(二)pH 值

pH 值影响微生物的生长。因为它影响环境中营养物质的可给态和有毒物质的毒性；影响菌体细胞膜的带电荷性质、膜的稳定性以及膜对物质的吸收能力；使菌体表面蛋白变性或水解；还会影响酶的活性。每种生物都有一个可生长的 pH 值范围，以及最适生长 pH 值。大多数自然环境 pH 值为 5~9，适合于多数微生物的生长。

一般而言，啤酒酵母厂商没有给出最适 pH 值。啤酒的 pH 值在糖化阶段一般控制在 5.2 左右，即使到发酵后期 pH 值下降后，各类型的酵母均能很好地生存并工作。所以只要控制好酵母投放时麦汁的 pH 值，就不需要过于担心 pH 值对酵母带来的影响。

(三) 氧

微生物对氧的需要和耐受能力在不同的类群中变化很大，依据它们和氧的关系可分为几种类群。

1. 好氧微生物

好氧微生物包括所有需要氧才能生长的微生物。有两类：一类是专性好氧微生物，它们的生长必须要有氧，快速分裂的细胞比缓慢分裂的细胞需要的氧更多，通常生长在培养基表面附近；另一类是微好氧微生物，它们在有少量自由氧存在条件下生长最好，因而生长在培养基表面之下的某一区域，该区域氧浓度正好符合它们生长的需要。

2. 厌氧微生物

那些缺乏呼吸系统而不能利用氧气作为末端电子受体的微生物称为厌氧微生物。可分为两类：耐氧厌氧微生物和严格厌氧微生物。前者是指那些尽管不需要氧，但可耐受氧，并在氧存在条件下仍能生长的类群；而后者则是指那些对氧敏感，在有氧时即被杀死的类群，所以专性厌氧微生物只能生长在氧气几乎不能达到的培养基底部附近，严格厌氧微生物并不是被气态的氧所杀死，而是由于不能解除某些氧代谢产物的毒性而死亡。

3. 兼性好氧微生物

在有氧存在下通常进行有氧呼吸，产生 CO_2 和水以及大量的能量，但在氧缺乏时可以转变为无氧呼吸，产生酒精、乳酸等代谢物和 CO_2 以及少量的能量。这类微生物在有氧呼吸条件下的生长比无氧条件下的生长更旺盛，因而可以看到菌体在整个培养基中都有分布。

酵母菌属于兼性好氧微生物，在有氧条件下进行快速的生长繁殖并产生出大量的热和少量的 CO_2，在无氧条件下产生酒精和 CO_2。

第二节 啤酒酵母和啤酒质量的关系

在啤酒生产中酵母菌体不是最终产品，但对最终产品的质量非常重要，发酵过程中一系列的复杂生化反应均系酵母营养代谢作用所致，故酵母对啤酒生产和发酵质量，乃至啤酒的理化性能和其风味典型性，均有重要影响。

一、酵母与发酵速度

酵母的发酵速度是啤酒生产的重要指标之一。在一定的工艺技术条件下，酵母对麦汁顺利地完成发酵，为啤酒的质量提供了保证。同时，在保证发酵质量的前提下，充分发挥酵母细胞内在的潜力，可加速生产周期的循环，提高生产能力。影响酵母发酵速度的因素主要有以下几个方面：

(一)酵母浓度

在充分搅拌并使酵母细胞均匀分布于发酵液中的情况下，发酵速度与酵母的浓度成正比例关系，如：

接种量 0.6L/hL，发酵天数为 9 天；

接种量 1.0L/hL，发酵天数为 7 天；

接种量 2.0L/hL，发酵天数为 4~5 天；

当然，在实际生产中无须采用过高的酵母接种量，因为过高接种量容易使酵母衰退，发酵现象也不易控制。

(二)酵母发酵力

发酵力用来衡量酵母酒精发酵的能力，因为环境的影响而有很大变化，如酵母的贮存条件、细胞表面的附着物等对发酵力均有影响。而酵母的菌龄、菌株性质不同，其发酵力也不同。酵母代谢产物的原生质毒素，也会抑制其发酵力。当发酵生成酒精超过 8.5% 时，发酵也会被抑制，会降低酵母的发酵力。

(三)麦汁组成

麦汁中的铜被酵母吸收累积至一定程度，将使酵母衰退而减缓发酵速度；麦汁中可被同化氮源的含量也影响发酵速度，一般情况下发酵力随含氮量的增加而提高；酵母在麦汁中发酵糖分的最适合 pH 值是 4~6，超出范围将对发酵速度产生影响。

(四)发酵温度

温度将直接影响酵母的繁殖和发酵力，尤其是下面酵母，较高的温度能加快发酵速度。

二、酵母与发酵度

啤酒酵母的发酵度反映酵母对各种糖类的发酵情况。正常的啤酒酵母能发酵葡萄糖、果糖、蔗糖、麦芽糖和麦芽三糖。酿制不同类型的啤酒，需要不同的发酵度。有的酵母具有较高的发酵度，有的酵母不可发酵麦芽三糖而使发酵度降低。

在一些非正常情况下，如果酵母的发酵度降低，一方面说明酵母有变异或污染的可能，另一方面应检查麦汁成分及发酵条件是否恰当。发酵度决定了啤酒类型和口味，一般控制啤酒发酵度：外观发酵度为 65%~80%，真正发酵度为 55%~70%。一般来说，发酵度低的啤酒并不醇厚，只是黏口、腻厚和甜感，其保质期也短；高发酵度的啤酒多数醇厚，具备了啤酒的"酒体"。

三、酵母与发酵异常现象

在啤酒的发酵过程中，常常遇到一些发酵异常现象，包括主发酵和后发酵期间的异常现象。

(一)主发酵期间的发酵异常现象

1. 裂纹现象

在主发酵期间的起泡期和高泡期，发酵液表面布满泡沫时，发生液面泡沫开裂，泡沫慢慢变薄，而且不均匀，发酵不旺盛。发生这种现象主要有两个原因：一方面是洗涤酵母后，贮存室水温和室温变高，促进酵母代谢作用加强而缺氧，酵母衰老，造成发酵减退；另一方面是由于麦汁中 α-氨基氮含量不足，溶解氧含量少，接种温度低，以及麦汁浑浊使酵母细胞表面吸附过多的蛋白质和酒花树脂，酵母的酶不能与糖类作用，使发酵变为迟缓，从而出现了裂纹现象。

防止和解决办法：在糖化时用乳酸或磷酸调整醪液的 pH 值；延长和促进蛋白质休止时间；提高麦芽汁 α-氨基氮含量；提高麦芽汁接种温度和麦芽汁中的氧气含量；提高酵母使用量。

2. 泡沸现象

泡沸发酵也称为沸腾发酵。常在主发酵后期或落泡期或下酒捞出泡沫时出现，一种现象是发酵液表面的泡盖由一角或一边推向另一边，部分页面又出现白色泡沫；另一种现象是大量的二氧化碳气泡上涌，发酵液像喷泉一样剧烈翻动，把已沉淀的酵母块带到液面。在这种现象未发生前，诸发酵现象如降糖都是正常的。

泡沸发酵是时有发生的，但发生的原因还不是十分清楚，说法很多，其中比较合理的解释是：(1)酵母不纯，有产生气体的微生物，随酵母沉积到底部，产生大量的二氧化碳，积聚到沉淀的酵母中，最后把酵母层冲开，急剧上升，形成沸腾；(2)麦汁组成成分不良，麦汁浑浊不清，固体随酵母沉淀到底部，酵母继续利用固体的营养物质发酵产生二氧化碳，积聚在其中，量大时把酵母冲开，二氧化碳气体随之上升而沸腾；(3)主发酵温度过高，后期采取急剧降温，当把泡盖去掉后，表面压力降低，使下边二氧化碳急剧上升造成沸腾；(4)啤酒酵母变异，凝聚性不良，而且麦汁可发酵性糖比例偏高，产生旺盛发酵，二氧化碳产生量多，在泡盖捞出后，二氧化碳急剧上升造成沸腾。

对于沸腾发酵，现在技术管理上还没有有效的办法解决，一般采取改进糖化操作，改善麦汁组成成分，加强麦汁过滤，使麦汁清亮透明，另外，从加强酵母管理着手，遇到泡腾发酵时，重新培养酵母，并加强卫生管理和灭菌工作。

3. 气泡发酵现象

气泡发酵也称为异泡发酵，即在主发酵期的低泡期，或发酵终了前一天，发酵液表面已形成的棕色泡盖上出现多数的大气泡，或称为大明泡，继而破坏了泡盖，使已凝结出来的酒花树脂和蛋白质凝结物下沉，使表面的泡盖变成白色的现象。产生气泡发酵的主要原因是酵母无染杂菌、野生酵母或其他原因，其次是糖化不完全，糖化用水中亚硝酸盐过量。出现这种情况后发酵液不易澄清，啤酒的口味不纯。

防止的办法：加强酵母室和发酵室的卫生管理工作，及时做好清洁、灭菌工作和现场使用的酵母的洗涤保管工作，及时培养新鲜强装的酵母，按期更换，加强糖化管理，对糖化用水定期检测，被亚硝酸盐和硝酸盐污染的水要进行处理，根据原料情况调整糖化操作，使生成的麦汁符合要求。

4. 虚泡现象

在主发酵落泡期，形成疏松的泡沫，开始是白色，逐渐变成棕黄色，最后泡盖松散无力，凝结在下面的酒花树脂沉入发酵液内。这主要是由于原料麦芽溶解不好，糖化时蛋白质分解的温度和时间不恰当所造成。

防止的办法：对原料事先做好监测工作，根据原料情况制定糖化工艺操作方法，加强半成品的分析。

5. 发酵中止现象

主发酵达到高泡期，泡沫升起不久，很快又回缩，糖度下降缓慢，甚至出现发酵中止现象，同时发酵液澄清。产生发酵中止现象的原因是多方面的：如糖化所得的麦汁 α-氨基氮或微量物质嘌呤、嘧啶含量不足，可发酵性糖含量过低，糊精等非糖含量过高；糖化时醪液的 pH 值过高，使植酸钙和镁盐不能充分分解为肌醇和磷酸盐，使麦汁中缺乏生长素；麦汁中的酸度过高或过低，极易造成酵母沉淀；在主发酵时，温度掌握不当，突然降低温度，使酵母过度受刺激而沉淀；酵母发生变异，不能发酵麦芽三糖等。发酵中止可造成发酵液发酵度低、残糖高、有甜味、口味淡薄、不爽快、泡持性不好。

解决的办法：好次原料搭配使用，防止糖化麦汁质量不一，同时在糖化时，对糖化用水加强处理，调整水的 pH 值，有利于提高可发酵性糖和可同化氮化物的含量，以及生长素的含量，在糖化时促进蛋白质的分解和麦汁煮沸时的凝固；严格管理发酵工艺，防止温度忽高忽低，避免酵母受刺激。发生这种现象后可采取倒桶、添加酵母、通风搅拌、供应充足的氧气，使之重新发酵；也可将中止发酵的发酵液倒入两个发酵罐中，分别加满已繁殖后的发酵液，使之重新发酵。

6. 再发酵现象

在主发酵末期，泡盖已经形成，忽然又开始旺盛发酵，形成白色泡沫，将已形成的棕色泡盖翻入发酵液中。发生这种现象的主要原因是：麦汁组成成分不当，可发酵性糖少，但糊精的中间产物通过酵母中酶的作用，又被酵母所利用，另一种原因是酵母变异了。

解决的办法是对所使用的酵母做性质检查，确定酵母是否变性，目前有些厂所使用的酵母经过长期的高温发酵，降糖速度很快，一天可以降低 4~5°P，这也是酵母变性问题；另一种解决办法是调整糖化工艺。

（二）后发酵期间的发酵异常现象

1. 发酵不旺盛现象

发酵不旺盛，开口发酵时造成泡沫不溢出的原因主要有：下面发酵液中酵母细胞少；发酵罐中所留空隙太大；酵母衰老，发酵作用已极为微弱。解决措施：可采用添加高泡酒的方法。

2. 贮酒罐不升压现象

贮酒罐封罐后，在 3~10 天内罐压应升至 0.05~0.08MPa，若封罐后不升压应检查原因，如贮酒罐是否漏气、酒液中酵母细胞数是否过少，一般可采取倒罐、加高泡酒的方法进行解决。

3. 发酵沉淀不清现象

贮酒较长时间后，酒液浑浊不清，其原因有：糖化不完全，蛋白质分解欠佳；麦汁中 α-氨基氮过少；pH 值不当；酵母被杂菌污染。

解决措施：应重新调整糖化工艺，调整麦汁组成，或倒罐至其他新发酵的酒液罐内；若酵母感染杂菌，则应该处理掉。

第三节　酵母的检查与鉴定

啤酒酵母的质量直接关系到啤酒发酵和啤酒的质量。如果啤酒酵母被杂菌污染或发生变异，就会产生不正常的发酵现象和影响啤酒的口味。酵母的自然变异是比较低的，但是在长期的酵母培养和发酵过程中变异的可能还是存在的。

一、啤酒生产中酵母的检查

啤酒生产过程中，经常对酵母进行镜检和做某些生理特性试验，镜检一般只起辅助作用，对酵母某些生理特性的检查更具有重要性。

(一)外观和形态检查

1. 菌落形态:液体培养基中观察菌落形态

在液体培养基中观察发酵液浑浊的快慢,澄清的程度及酵母沉淀的情况。酿造车间现场使用的酵母泥必须新鲜,呈黄白色,有果实的爽快香味,其上部洗涤水透明且无色。沉于底部的酵母泥紧密,取起后应松散而不粘连。如色泽深暗或发黏则说明质量较差。

2. 啤酒酵母个体形态观察

用显微镜观察酵母细胞的形状、大小、夹杂物以及是否有细菌等。啤酒酵母呈球形、椭圆形或卵圆形,细胞的平均直径为 $4 \sim 5 \mu m$,大小为 $(3 \sim 7) \mu m \times (5 \sim 10) \mu m$。液体培养的酵母细胞大于固体培养的细胞。成熟细胞大,年幼时细胞小。

优良健壮的酵母细胞具有均匀的形态和大小,平滑而薄的细胞膜,细胞质透明均匀,年幼少壮的酵母细胞内部充满细胞质;老熟的细胞出现空泡,内贮细胞液,呈灰色,折光性强;衰老的酵母死亡率高,可通过美蓝染色,检查酵母死亡率。一般生产上使用的酵母死亡率应在 3% 以下,新培养的酵母死亡率在 1% 以下。

下面发酵啤酒酵母一般以单端出芽繁殖,很少形成短链。芽在脱离母细胞前总是比母细胞小,芽和母细胞的纵轴有 30° 夹角,这和许多野生酵母的芽和母细胞在一个纵轴上形成鱼鳔形有明显区别。在镜检中,如果发现显著变异,可怀疑是酵母退化或可能有杂菌污染,需要另做较细致的细菌或野生酵母鉴定。夹杂物为蛋白质和酒花树脂等,如与细菌等分辨不清时,可在酵母中加入 10% 碱溶液或 50% 醋酸,则蛋白质小颗粒溶解,标本中只看到酵母和细菌。

3. 巨大菌落的观察

某些酵母的品种鉴别上,在一般的形态上不易区别。但是,它们所生成的巨大菌落则不一样,菌落越大形态越容易区别。一般来说,巨大菌落表面平滑多为分散型酵母,而表面褶皱多为芽簇型酵母。巨大菌落和发酵性能之间没有什么联系。有的菌种巨大菌落为白色,表面平滑呈扁平或半透明镜状隆起,有时中部略呈凹形。

(二)杀菌及其污染程度的观察和检查

确定 50 个显微镜视野中存在的杂菌数并按等级确定污染程度(见表 4-4):

表 4-4　　　　　　　　　　　　　按杂菌数确定污染等级

杂菌数	污染等级
1 个	微量
3 个	很少
6 个	少
8 个	轻度污染
>8 个	强度污染

对单一微生物允许污染标准见表 4-5：

表 4-5　　　　　　　　　　　　　单一微生物允许污染标准

野生酵母	很少感染（3 个）
细菌（杆菌、乳酸菌、四链球菌）	少感染（6 个）
无损害的微生物（球菌和小酵母）	中等感染

按照以上标准，在每次酿造前应该精确检查，并确定污染程度和新细胞的比率。应该保持一个视野中约有 100~200 个酵母细胞，因此悬浊液是较浓的。

(三)死细胞的检查

良好的现场使用酵母其死细胞数一般为 0.5%~3%，不应超过 5%。检查时取磷酸缓冲液（0.2mol/L 磷酸氢二钠 0.25mL 和 0.2mol/L 磷酸二氢钾 99.75mL 混合）和 0.04%美兰溶液等量混合，既得 0.02%美兰染色液，其 pH 值为 4.6，此溶液需保存于暗处。同时取适量浓度的酵母悬浊液 1mL（泥状酵母 1mL 用水稀释成 200 倍），混合 1mL 的染色液，5 分钟内在显微镜下检查，数出被染色(蓝色)的酵母死细胞数，计算其百分率，即为酵母细胞死亡率。

(四)肝糖染色检查

发酵力强的酵母细胞始终含有肝糖。肝糖在强盛的发酵阶段形成，其数量决定于麦芽汁的组成。如酵母在水下保存 3~5 天则肝糖完全消失，因为肝糖作为储存物质一部分被酵母消耗，同时被酶催化分解后的一部分也转移到水中。不旺盛的发酵或者发酵开始迟缓都是肝糖成分不足的标志。一般肝糖都是在纯培养时进行测定，该测定项目也可以在生产中发现发酵不良时进行。但是目前还不能精确地指出一个发酵力强的酵母应该含有染成怎样程度的褐色细胞。肝糖含量首先决定于酵母的生理形态，其次取决于生长的强度和贮存时间。发酵后取出的健康酵母应有70%为染成深褐色的细胞。

(五)异染颗粒的检查

新鲜强装的酵母异染颗粒粒大且色深，根据其含量可以判断酵母在生理学上的能力。很多学者认为，异染颗粒的含量与酵母的发酵能力和繁殖之间存在着一定的关系。异染颗粒是根据基质中磷酸化合物的存在而存在，在判断老的和退化的酵母时，对其进行检查是可行的。

(六)芽蓁的检查

将现场使用的酵母稀释并制成悬滴镜片，在显微镜下观察酵母的连接是由于凝聚力还是由芽蓁形成所致。如果识别有困难，可在酵母中加稀薄的氢氧化钾溶液或稀醋酸溶液，然后再进行显微镜检查。此时，凝集酵母细胞即各个分离而芽蓁细胞仍在。下面发酵现场使用的酵母如果有芽蓁存在，可以认为是由于异种酵母的混入所致。

(七)孢子形成速度的检查

将酵母移植到酒石酸蔗糖溶液中(酒石酸4g，蔗糖10g，溶于100mL水中)，20℃培养48小时，如此进行2~3次，再在麦汁液体培养基中繁殖24小时后移植到石膏块上(石膏块应先刮平，上有凹部，放入双重皿中杀菌，以水浸没石膏块1/2处)，在25℃恒温箱中放72小时，用显微镜检查孢子形成情况。如是野生酵母，此时已经形成孢子。

二、酵母的生理性试验

(一)发酵力

用酵母发酵力判别其酒精发酵的能力，一般来说应该选择发酵能力强的酵母。如果酵母发酵力衰退则意味着酵母发生退化、变异。发酵力测定的方法有以下两种。

1. 发酵法

取灭菌的 250mL 三角瓶，加上棉塞，瓶内加入 150mL 麦汁，经过常压灭菌，冷却后加入 1g 酵母泥摇匀，放在 25℃ 保温箱中进行发酵，每隔 8 小时震动 1 次，经过 3~4 天发酵终了，过滤掉酵母，取 100g 发酵液，并把酒精蒸馏出去，放在定量瓶中添加蒸馏水使重量恢复到 100g，混合摇匀，测量 20℃ 时的密度，测出残留在发酵液中的浸出物浓度，利用下面的公式计算真正发酵度：

真正发酵度(%)＝(发酵前麦汁浓度−发酵后排除酒精的麦汁浓度)/发酵前麦汁浓度

发酵后，不用蒸馏法去除酒精，直接测量密度，算出发酵液残留浸出物的浓度，利用以下公式计算其外观发酵度：

外观发酵度(%)＝(发酵前麦汁浓度−发酵后麦汁浓度)/发酵前麦汁浓度

外观发酵度一般比真正发酵度高约 10%，换算方法如下：

真正发酵度＝外观发酵度×0.819。啤酒的发酵度一般分为高、中、低三个类别，见表 4-6：

表 4-6 不同啤酒的发酵度

	淡色啤酒		浓色啤酒	
	外观发酵度(%)	真正发酵度(%)	外观发酵度(%)	真正发酵度(%)
低发酵度	60~70	48~56	50~58	41~47
中发酵度	73~78	59~63	60~66	48~53
高发酵度	>80	>65	>70	>56

2. 二氧化碳减量法

往已知重量的 250mL 发酵瓶装入 12~18°P 的 150mL 麦汁，在 101.325Pa 下灭菌 15~20 分钟，冷却后添加酵母泥 1g，接上发酵栓(类似水封，里面加入杀菌液可以洗涤气体)，擦干瓶外的水汽，称其重量。把发酵瓶放在 20℃ 的保温箱中发酵，每天定时称重，发酵 6~8 天，最后每天减重不高于 0.2g，即为发酵终止。

优良的酵母发酵力强，二氧化碳气体溢出多，一般中等发酵的酵母在 12°P 麦汁中发酵失重多于 3.6g，若逐日比较二氧化碳失重情况，可由此判别发酵速度。

(二)酵母热死亡温度

微生物的热死亡温度是指液态培养的微生物,在某温度下即刻被杀死,此温度称为微生物的热死亡温度。啤酒酵母一般在45℃时即停止生命活动,热死亡温度为50~54℃。

为了避免试验酵母的缺点,习惯上先将试验酵母移到25℃的液体培养基中培养24小时后试用,或从扩培中采取以供实验。酵母的热死亡温度除了与培养基种类有关外,与加热时间长短也有关。啤酒厂选择的温度为40~60℃,每个间隔温度为2℃,保温时间习惯以10分钟为度。

若酵母的热死亡温度改变,说明菌种发生变异,或受到野生酵母污染。野生酵母比培养酵母有更高的耐热性。

(三)酵母的凝聚性试验

啤酒酵母的凝聚性是区别菌株的一项重要内容,在生产商具有特殊的重要性。各种酵母的凝聚性有较大的差别,当酵母发生变异或衰老时,凝聚性随之发生较大的变化。啤酒酵母的凝聚性不同,酵母的沉淀速度也有差异,发酵也不一样。凝聚性强的酵母,发酵液容易澄清,但发酵度偏低;凝聚性差的酵母,发酵液不易澄清,酵母回收困难,但是发酵度高。

啤酒酵母凝聚性测定的方法采用本斯(Burns)实验法:将1g酵母泥与10mL、pH值为4.5的醋酸缓冲液混合,20℃平衡20分钟,加至带刻度的锥形离心管内,连续20分钟,每隔1分钟记录一次沉淀酵母的容量。实验后,检查pH值是否保持稳定。一般规定10分钟时的沉淀酵母量在1.0mL以上者为强凝集性,0.5mL以下者为弱凝集性。

(四)发酵速度的测定

发酵速度与酵母品种有关,如酵母的麦芽糖酶活性是控制麦芽糖发酵的重要因素,与发酵速度关系很大;发酵速度与环境条件的关系也很密切,如麦汁成分、发酵温度、通风条件、发酵容器等。一般来说酵母在统一条件下发酵速度越快越好。

为了取得与现场发酵条件相似的发酵速度,测定方法是:在直径5cm、长120cm的玻璃筒内,装2L麦汁,接种后按现场发酵条件控制,每天测定其外观浓度,观察对比其发酵速度。

(五) 感官鉴定

不同的啤酒酵母，其发酵时的代谢产物不尽相同，因而发酵液的风味也不一样。只有优良的啤酒酵母才能产出优秀风味的啤酒，不仅风味好，还要有正常的芳香，而且要求风味始终保持一致，如果生产过程中产生怪味和异味，就必须检查所用酵母是否发生变异或污染。

(六) 耐酒精浓度的试验

酵母在麦汁中发酵，到某一程度即停止。其原因，一是由于可发酵性糖的耗尽，二是受酒精含量的抑制。这在实际应用中具有很大意义。虽然在通常的啤酒发酵中，酒精含量较低，对酵母的影响不大，但不同的酵母对酒糟浓度的耐受力各有不同，在发酵时，一般采用能耐受较高酒精度的酵母，以有利于发酵。

(七) 染色实验

通过美蓝染色试验计算其死亡率。新酵母(包括或扩培后的酵母)的死亡率应当低于1%，现场使用中的酵母死亡率应当低于3%。

(八) 降糖速度

啤酒酵母的发酵能力可用降糖速度来表示。正常培养的酵母，第10天外观浓度应该不高于3.5°P，如果在4.0°P以上则为降糖慢的酵母。

啤酒酵母的分离培养就是利用特殊的分离技术，将优良强壮的酵母菌株从原菌中分离出来，加以扩大培养，供生产使用。啤酒酵母的分离培养对啤酒酵母的优良性状及其纯度具有决定性作用，因为菌种的纯粹程度和强壮程度，将直接影响到啤酒发酵液的口味、风味和发酵速度，关系到产品的质量，关系到企业的经济效益和社会效益，是整个生产的命根子。而酵母菌和其他微生物一样，易受外界条件的影响而常常发生变异、混杂或衰老，因此，生产中要保持产品质量的稳定，需经常对酵母菌株进行分离培养，以保持酵母菌的强壮和纯粹。

啤酒酵母的分离培养方法较多，工厂中常用的以平板分离培养法和划线分离培养法为主，另外还有单细胞培养法和单孢子分离法。

三、精酿啤酒酿造中常见的 15 种酵母

啤酒酵母和酒花是啤酒重要的组成部分，一个是精灵，一个是灵魂。酵母的种类和酒花的品种也是多种多样，不同的种类产生不一样的口味，对工艺也有不同。

（一）S04 酵母

S04 酵母是非常出名的英国商业用酵母品种。发酵速度快，能形成良好的发酵脂香。在发酵后期能形成紧密的酵母泥，有利于提高啤酒的清亮度。该酵母品种可广泛用于艾尔啤酒的生产，特别适用于木桶发酵和锥罐啤酒的生产。非常适合酿造英式淡色艾尔、英式苦啤、IPA 等。

生产厂家：弗曼迪斯（Fermentis）；

沉降性：高；

酒精耐受度：中等；

投放量：0.5~0.8g/L；

二发投放量：0.025g~0.05g/L；

发酵温度：12~25℃；

建议温度：15~20℃。

（二）S-189 酵母

S-189 酵母是源自瑞士 Hurlimann 就餐的一款拉格酵母。这款酵母的发酵特性适合酿造一些平衡度好、适饮性强的啤酒。

生产厂家：弗曼迪斯；

沉降性：高；

酒精耐受度：中高；

投放量：0.8~1.2g/L；

二发投放量：无；

发酵温度：9~22℃；

建议温度：12~15℃（拉格啤酒除了用 S-189 和 34/70 外，笔者建议可以试试钻石酵母，大多数爱好者希望能够很好地突出麦香，这主要和用的麦芽和酵母有关，钻石

酵母对于后储的压力和温度及时间也非常重要。

(三) WB-06 酵母

WB-06 酵母是专门为小麦啤酒生产选育的一株酵母。该菌种能够生产小麦啤酒中非常典型的细腻的脂香味和微微水果香甜味。本啤酒酵母菌株适合制作巴伐利亚风格的小麦酵母啤酒。沉降性偏低，酵母悬浮会增加特殊风味，酿造出不同风格。

生产厂家：弗曼迪斯；

沉降性：中；

酒精耐受度：10%；

投放量：0.5~0.8g/L；

二发投放量：0.025g~0.05g/L；

发酵温度：12~25℃；

建议温度：15~20℃。

(四) US05 酵母

US05 酵母是一款美式风格酵母，二乙酰生成量极低，有着非常好的平衡性，酿出的啤酒口味干净清爽，酵母沉降性一般。非常适合酿造美式艾尔、美式 IPA。

生产厂家：弗曼迪斯；

沉降性：中；

酒精耐受度：中等；

投放量：0.5~0.8g/L；

二发投放量：无；

发酵温度：12~25℃；

建议温度：15~22℃。

(五) S23 酵母

S23 酵母广泛用于西欧的下发酵酵母，有着优于 S189 的果香和酯香味，适合酿制各类欧式下发酵啤酒。在拉格酵母中发酵温度偏高，所以比较适合家酿。

生产厂家：弗曼迪斯；

沉降性：高；

酒精耐受度：中高；

投放量：0.8~1.2g/L；

二发投放量：0.02g~0.03g/L（9°）；

发酵温度：9~22℃；

建议温度：12~15℃。

（六）T58 酵母

T58 酵母是一种非常特殊的酵母，有着非常好的果香气味和辛辣味道。不建议用于瓶装二发啤酒的发酵。该酵母发酵性能优异，残糖低，酒精可高达 11.5%。非常适合酿造比利时风格的三料、四料，以及俄罗斯帝王世涛。

生产厂家：弗曼迪斯；

沉降性：高；

酒精耐受度：11.5%；

投放量：0.5~0.8g/L；

二发投放量：0.025g~0.05g/L；

发酵温度：12~25℃；

建议温度：15~20℃。

（七）W34/70 酵母

W34/70 酵母是全球最出名的酵母菌种，来源于德国维森酒厂（Weihenstephan）（始建于 1040 年世界上最古老的酒厂）。由于其良好的发酵特性和干净的麦香味，被广大啤酒集团使用。另外由于发酵温度高，所以也很适合家酿使用。

生产厂家：弗曼迪斯；

沉降性：高；

酒精耐受度：中等；

投放量：0.8~1.2g/L；

二发投放量：0.02g~0.03g/L（9°）；

发酵温度：9~22℃；

建议温度：12~15℃。

（八）BRY-97 美国西岸啤酒酵母（West Coast）

BRY-97 是一款美国西海岸风格的艾尔酵母，它出自 SIEBEL 学院，并广泛用于商业酒厂生产不同风格的啤酒。17℃ 时 4 天完成主发酵。味道干净，平衡，酵母沉降性好。适合酿造美式风格啤酒。由于该酵母发酵不剧烈，所以往往要在酵母投放超过 12 小时，有时甚至超过 24 小时后，才会看到水封有气泡，这属于正常现象。另外该酵母活化时会有臭味，属于正常现象，并非酵母质量问题。

生产厂家：拉曼；

沉降性：高；

酒精耐受度：中等；

投放量：0.5~0.8g/L；

发酵温度：12~25℃；

建议温度：17~21℃。

（九）M79 英国波顿艾尔酵母

M79 英国波顿酵母以干、脆的酒体，突出麦香和酒花香气的特点而闻名世界。这款酵母发酵迅速，并且能够产生独特的梨子香气，酸味适度，口感如丝般平滑。有时候会有一些草莓和弥猴桃的香气。整体上脂香味不是特别明显，适合酿造突出麦香和酒花香气的啤酒。非常适合酿造传统的英式淡色艾尔、英式苦啤。

生产厂家：Mangrove Jack's；

沉降性：中高；

酒精耐受度：较好；

投放量：0.5~0.8g/L；

二发投放量：0.025g~0.05g/L；

发酵温度：15~30℃；

建议温度：18~23℃。

（十）M27 比利时艾尔酵母

M27 是一款高发酵度的比利时艾尔酵母。发酵度高，具有辛辣、水果、胡椒的味道特征。酒精度可高达 14%，是一款典型的比利时季节酵母。M27 发酵度极高，但是发酵速度也较为缓慢，启发时间往往需要 24 小时。1.050 比重的麦汁会在 7 天内发酵到 1.002~1.005。20P 意识的麦汁一发时间往往需要 3~4 周。M27 喜欢比较暖和的温度，26~32℃温度下会非常好地工作，并且不会产生太多的高级醇。

生产厂家：Mangrove Jack's；

沉降性：中；

酒精耐受度：14%；

投放量：0.5~0.8g/L；

二发投放量：0.025g~0.05g/L；

发酵温度：18~32℃；

建议温度：26~32℃.

(十一) 温莎酵母(Windsor)

Windsor 是一种可以产生饱满酒体、浓郁果香味的酵母。该酵母有非常好的沉降性，残糖相对较高，是典型的英式酵母。建议发酵温度 18~21℃，一发时间 3~5 天。非常适合酿制英式苦啤、ESB 等。

生产厂家：Lallemand；

沉降性：高；

酒精耐受度：中等；

投放量：0.5~0.8g/L；

二发投放量：0.025g~0.05g/L；

发酵温度：15~25℃；

建议温度：18~21℃。

(十二) 诺丁汉酵母(Nottingham)

Nottingham 是一款类似拉格酵母的艾尔酵母，脂香味中等，突出麦香味，在 12℃ 低温下仍然有着非常好的发酵能力，发酵产生的酒体类似拉格。17℃时 4 天即可完成主发酵，无须充氧，发酵度高，酒体干爽，沉降性好。

生产厂家：Lallemand；

沉降性：高；

酒精耐受度：中等；

投放量：0.5~0.8g/L；

二发投放量：无；

发酵温度：12~25℃；

建议温度：14~21℃。

(十三) Danstar CBC-1 慕尼黑小麦酵母

慕尼黑小麦酵母，可以产生丰富的水果和丁香香气，非常适合酿造德式酵母小麦啤，建议发酵温度20℃。

生产厂家：弗曼迪斯；

沉降性：高；

酒精耐受度：中等；

投放量：0.5~0.8g/L；

二发投放量：0.025g~0.05g/L；

发酵温度：12~25℃；

建议温度：17~23℃。

(十四) Abbaye BE-256 修道院酵母

这是一款有着比较好的酒精耐受度、高沉降性、高发酵度(82%)的酵母。香气较为平衡，发酵速度快。

生产厂家：弗曼迪斯；

沉降性：高；

酒精耐受度：中高；

投放量：0.5~0.8g/L；

二发投放量：0.05~0.1g/L；

发酵温度：12~25℃；

建议温度：15~20℃。

(十五) M84 波希米亚拉格酵母

M84 是一款下发酵拉格酵母，适合酿造欧洲风格的拉格、比尔森啤酒。这款酵母发酵的酒体柔和、平衡、干爽。总发酵周期为4周，建议发酵周期6~8周。

生产厂家：Mangrove Jack's；

沉降性：高；

酒精耐受度：中等；

投放量：0.8~1.2g/L；

二发投放量：无；

发酵温度：5~18℃；

建议温度：10~15℃。

第四节　酵母菌的培养技术

一、酵母菌培养基的配方

麦芽汁培养基和马铃薯葡萄糖培养基被广泛用于培养酵母菌和霉菌。马铃薯葡萄糖培养基有时也可用于培养放线菌。豆芽汁葡萄糖培养基也是培养酵母菌及霉菌的一种优良培养基。察氏培养基主要用于培养霉菌观察形态。麦芽汁培养基为天然培养基，马铃薯葡萄糖培养基和豆芽汁葡萄糖培养基二者均为半合成培养基，而察氏培养基则为合成培养基。培养基配方中出现的自然 pH 值指培养基不经酸、碱调节而自然呈现的 pH 值。

(一)麦芽汁培养基的配制

培养基成分：新鲜麦芽汁一般为 10~15 波林。

配制方法：

(1)取大麦或小麦若干，用水洗净，浸水6~12 小时，至15℃阴暗处发芽，上面盖纱布一块，每日早、中、晚淋水一次，麦根伸长至麦粒的两倍时，即停止发芽，摊开晒干或烘干，储存备用。

(2)将干麦芽磨碎，一份麦芽加四份水，在 65℃水浴中糖化3~4 小时，使其自行糖化，直至糖化完全，糖化程度可用碘滴定之(取 0.5mL 的糖化液，加 2 滴碘液，如无蓝色出现，即表示糖化完全)。

(3)将糖化液用4~6 层纱布过滤，滤液如混浊不清，可用鸡蛋白澄清，方法是将一个鸡蛋白加水约 20mL，调匀至生泡沫时为止，然后倒在糖化液中搅拌煮沸后再过滤。

（4）用波美比重计检测糖化液中的糖浓度，将滤液稀释到 10~15 波林，pH 值约为 6.4。如当地有啤酒厂，可用未经发酵、未加酒花的新鲜麦芽汁，加水稀释到 10~15 波林后使用。

（5）如配固体麦芽汁培养基时，加入 2% 琼脂，加热融化，补充失水。

（6）分装、加塞、包扎。

（7）121℃ 高压蒸汽灭菌 20 分钟。

（二）马铃薯葡萄糖培养基的配制

培养基成分：马铃薯 200g 制成浸出液，葡萄糖 20g，琼脂 15~20g，水 1000mL，自然 pH 值。

配制方法：

（1）配制 20% 马铃薯浸汁：取去皮马铃薯 200g，切成小块，加水 1000mL。80℃浸泡 1 小时后用纱布过滤，然后补足失水至所需体积。100KPa 灭菌 20 分钟，即成 20% 马铃薯浸汁，储存备用。

（2）配制时，按每 100mL 马铃薯浸汁加入 2g 葡萄糖，加热煮沸后溶入 2g 琼脂，继续加入融化并补足失水。

（3）分装、加塞、包扎。

（4）121℃ 高压蒸汽灭菌 20 分钟。

（三）豆芽汁葡萄糖培养基的配制

培养基成分：黄豆芽 10g，葡萄糖 5g，琼脂 1.5~2g，水 100mL，自然 pH 值。

配制方法：

（1）称新鲜黄豆芽 10g，置于烧杯中，再加入 100mL 水，小火煮沸 30 分钟，用纱布过滤，补足失水，即制成 10% 豆芽汁。

（2）配制时，按每 100mL 10% 豆芽汁加入 5g 葡萄糖，煮沸后加入 2g 琼脂，继续加热融化，补足失水。

（3）分装、加塞、包扎。

（4）121℃ 高压蒸汽灭菌 20 分钟。

(四)蔡氏(Czapck)培养基的配制

培养基成分：蔗糖 3g，NaNO$_3$ 0.3g，K$_2$HPO$_4$ 0.1g，KCl 0.05g，MgSO$_4$·7H$_2$O 0.05g，FeSO$_4$ 0.001g，琼脂 1.5~2g，蒸馏水 100mL，自然 pH 值。

配制方法：

(1)称量及溶化：量取约 2/3 的所需水量加入烧杯中，分别称取蔗糖、NaNO$_3$、K$_2$HPO$_4$、KCl、MgSO$_4$，依次逐一加入水中溶解。按每 100mL 培养基加入 1mL 0.1%的 FeSO$_4$溶液。

(2)定容：待药品全部溶解后，将溶液倒入量筒中，加水至所需体积。

(3)加琼脂：加入所需量琼脂，加热融化，补足失水。

(4)分装、加塞、包扎。

(5)121℃高压蒸汽灭菌 20 分钟。

(五)YPD 培养基的配制

YPD 或 YPED：Yeast Extract Peptone Dextrose Medium(1L)，又叫酵母浸出粉胨葡萄糖培养基，加入琼脂的又叫酵母膏胨葡萄糖(YPD)琼脂培养基。

配方：1% Yeast Extract(酵母膏)，2% Peptone(蛋白胨)，2% Dextrose (glucose)(葡萄糖)，若制固体培养基，加入 2%琼脂粉。

配制方法：

(1)溶解 10g Yeast Extract(酵母膏)，20g Peptone(蛋白胨)于 900mL 水中，如制平板加入 20g 琼脂粉。

(2)121℃高压蒸汽灭菌 20 分钟。

(3)加入 100mL 10×Dextrose (glucose)(葡萄糖)，葡萄糖溶液灭菌后加入。

注：葡萄糖，yeast extract，peptone 溶液混合后在高温下可能会发生化学反应，导致培养基成分变化，所以要分别灭菌后再混合。

YPEG：除了用 3%乙醇和 3%甘油代替葡萄糖作为碳源外，其他成分同 YPD。

二、酵母菌的培养条件

(一)营养

酵母菌同其他活的有机体一样需要相似的营养物质，像细菌一样它有一套胞内和胞外酶系统，用以将大分子物质分解成细胞新陈代谢易利用的小分子物质，属于异养生物。

(二)酸度

酵母菌能在 pH 值为 3.0~7.5 的范围内生长，最适 pH 值为 4.5~5.0。

(三)水分

像细菌一样，酵母菌必须有水才能存活，但酵母需要的水分比细菌少，某些酵母能在水分极少的环境中生长，如蜂蜜和果酱，这表明它们对渗透压有相当高的耐受性。

(四)温度

在低于水的冰点或者高于 47℃ 的温度下，酵母细胞一般不能生长，最适生长温度一般为 20~30℃。

(五)氧气

酵母菌在有氧和无氧的环境中都能生长，即酵母菌是兼性厌氧菌。在有氧的情况下，它把糖分解成二氧化碳和水，且酵母菌生长较快；在缺氧的情况下，酵母菌把糖分解成酒精和二氧化碳。

三、酵母菌培养的工艺流程

酵母培养工艺流程主要包括实验室扩培和生产现场扩培两个阶段。

(一)实验室扩大培养阶段

斜面原菌种—斜面活化—10mL 液体试管—100mL 培养瓶—1L 培养瓶—5L 培养瓶—25L 卡氏罐。

(二)生产现场扩大培养阶段

25L 卡氏罐—250L 汉生罐—1500L 培养罐—6000L 培养罐—20m³ 繁殖罐—0 代酵母。

其中，卡氏罐的外形结构如图 4.7 所示：

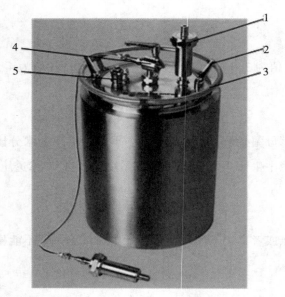

1—空气过滤器；2—紧箍把；3—绝缘手柄；4—取样阀；5—带橡皮膜的接种头

图 4.7 卡氏罐

卡氏罐培养酵母的操作工艺流程如图 4.8 所示：

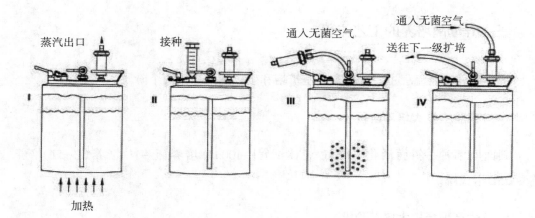

图 4.8 卡氏罐酵母培养流程

实验室扩培阶段又称纯培养阶段，生产现场培养阶段又称种子培养（发酵）阶段。

扩培过程中要求严格无菌操作,避免污染杂菌,接种量要适当。

作为商品的酵母生产的工艺流程如图4.9所示:

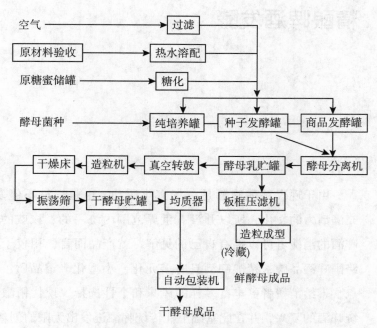

图4.9 酵母生产工艺流程示意图

四、酵母培养的设备

酵母培养的设备包括纯培养罐、种子培养罐、酵母扩大培养罐、分离机、高温灭菌设备、真空转鼓、造粒机、干燥床、震荡筛、干酵母贮罐、均质器、包装机等。

第五章

精酿啤酒发酵

由于现代精酿啤酒是一场文化运动，也是一种不停发展、变化、充满活力的文化，所以并没有世界范围内统一的、权威的定义。精酿啤酒的消费者可以拥有自己的见解。就产品而言，相较于常见的大型跨国啤酒品牌，精酿啤酒具有多元化、小型化、重品质、本土化等特点，带给消费者更丰富多样的风味和个性选择。现代精酿啤酒是对传统啤酒的复兴，并在此基础上让传统啤酒迸发出无限的创新活力。

第一节　啤酒生产过程中有害微生物的监测与检验

在啤酒酿造过程中，常会有数量不等的有害微生物侵入，造成啤酒的混浊、酸败或口味异常。为生产高质量、口味纯正的啤酒，必须注意生产过程中有害微生物的监测，并建立一套系统、完整的监测检验手段。

一、啤酒生产过程中存在的有害微生物种类及主要特性

啤酒生产过程中有害微生物主要是细菌及野生酵母。为了获得可靠的微生物检验结果，必须了解每个工艺过程的典型微生物。这样，

才能选用适当的方法，及时检测、判定生产线是否被污染及被污染的程度。

（一）麦汁

由于在糖化和煮沸过程中温度较高，因此在该阶段一般较少受到微生物的污染。不过，一些耐热的乳酸菌如德氏乳杆菌仍能在设备某些部位生长，它是革兰氏阳性菌，同型发酵的耐热杆菌，最适宜生长温度为45℃，在高达54℃时仍能生长。如果麦汁低于该温度，则能迅速生长，导致麦汁腐败变质。

在冷麦汁中常出现的细菌为大肠菌和发酵单胞菌。大肠菌包括柠檬酸细菌、克氏杆菌、肠杆菌、哈夫尼菌、沙雷氏菌和欧文氏菌，它们均为兼性厌氧菌。

野生酵母能在麦汁中存在，但是在麦汁冷却至发酵罐的过程中，不可能大量繁殖。

（二）发酵液

如果操作不当，在麦汁进入发酵罐开始发酵以前，大肠菌已在麦汁内生长直至发酵旺盛，会产生硫化氢和一些不愉快的风味物质，即使发酵时不再存活，啤酒内仍会有明显的气味存在。对发酵液危害较大的还有乳酸菌、兼性厌氧菌，能强烈地忍受酒花和乙醇。另外发酵单胞菌有很强的存活能力，也会给啤酒带来不良味道。

（三）啤酒

受到细菌或野生酵母污染的啤酒会腐败变质，其中大多数的腐败细菌是乳酸菌、醋酸菌和厌氧发酵单胞菌。

乳酸菌是最常见的，主要包括巴氏乳杆菌和糖化乳酸菌。有的分类将它们命名为短乳杆菌，这种菌对啤酒危害很大，会产生大量的乳酸，并生成丝状沉淀。

醋酸菌是革兰氏阴性菌，专性需氧。因此，当有空气存在时，会使啤酒腐败，主要有葡萄糖杆菌和醋杆菌两种。当它污染啤酒时，会使啤酒发生混浊、发黏和变味。

厌氧发酵单胞菌也会在啤酒中发现，因其很易受热（60℃）而死亡，因此在经过巴氏灭菌的啤酒内很少发现。

野生的、非培养的酵母可出现在啤酒酿造的任何工序。这些酵母可导致发酵过度、酸度偏高、口味异化。严重污染时会造成啤酒混浊。啤酒生产中野生酵母的主要污染来源是种酵母，随着发酵、回收的进行，污染量逐渐增加，影响正常的发酵。

二、污染微生物的检测方法

(一) 显微镜法

通过对被观测样品处理后，在镜检时观察微生物的形态特征，以判定是否存在杂菌。在鉴定微生物时，还需其他附加试验加以证实。

1. 普通样品制备

用接种环取一滴无菌水于载玻片上，小心地在水滴旁放少量的培养物并慢慢地与水混合。将盖玻片轻轻放在水滴上方，使水滴分散成无空气泡的薄层。

2. 干式涂布样品的制备

该法多用于细胞染色，把要观察的培养物置于无油污的微温热的载玻片上，随后将培养物分散成一层薄膜并立刻干燥，用以染色后观察。

3. 悬液滴法样品制备

取一小滴待观察的微生物悬浮液于盖玻片上，盖玻片四周涂上油脂，然后将有悬液滴的盖玻片倒置于有凹形圆孔的载玻片上。

4. 载玻片培养物制备

用吸管吸取含有 1.8% 营养琼脂溶液滴于一水平载玻片上，迅速将其倒置，待溶液凝固后，取一滴微生物的悬浮液涂在琼脂薄膜表面，使液体为膜吸收，盖上盖玻片，并用石蜡将四周密封。

5. 下压涂布法样品制备

取一片无油的盖玻片置于培养物上方轻压，再用一个针将其挑起，样品用于观察。

(二) 液体培养基强化试验法

利用增殖法定性测定样品中微生物的存在，即用无菌方法将样品加入液体培养基内，培养后检查有无混浊和产气现象，以及颜色、pH 值、芳香成分的变化。

如有变化，这些培养物可提供为下一步微生物技术试验的材料。

(三) 固体培养基法

将含有杂菌的培养物接种到选择性培养基上，通过提供物理和化学条件使这些要检测的微生物在最有利的条件下生长，或加入抑制剂、提供不利的物理和化学条件抑制那些不需要的微生物生长。例如，加入地霉素（氧四环素）可防止细菌的生长并能使酵母和霉菌选择性地生长；加入结晶紫和放线菌酮可防止某些污染的酵母生长；以赖氨酸为唯一氮源的培养基上啤酒酵母不能生长，但对赖氨酸呈阳性反应的污染酵母能生长；另外，所有培养基的组成和培养条件，也会使不同类型的细菌选择性地生长。

选择性培养基中加入的抑制剂，要通过试验确定其抑制某菌生长的最低浓度，然后根据此浓度检测出是否有其他杂菌生长。

三、固体培养基法对有害微生物的检测

(一)取样

为确保检测结果的准确，在取样时要避免二次污染。为此，要严格按无菌操作规程进行取样，并使用特制取样设备（见图 5.1），将三角瓶、双孔胶塞、玻璃管、橡胶管、弹簧夹及棉花按图示安装并灭菌后用于取样。

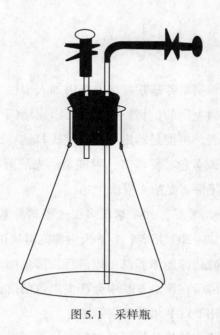

图 5.1　采样瓶

取样时，先对取样口进行灭菌处理，打开取样，使被取液（气）排出 2~3mL，确认

为纯样时，将取样装置软管接于取样口，分别打开两个弹簧夹，使液体(气)流入无菌三角瓶中，待取满后，关闭样阀，夹上弹簧夹，完成取样。气体样品取样时，可先将三角瓶中装入营养琼脂培养基灭菌，冷却凝固后，如图 5.1 安装取样，在三角瓶中直接培养，也可将三角瓶中注入无菌水，取样后处理培养。

(二)样品处理

1. 稀释

根据检测目的，对发酵液、酵母泥等菌数高的样品，可以用生理盐水或 PBS 缓冲液进行适当稀释，使最后培养基上的菌落可计数。

2. 浓缩

对麦汁、成品啤酒、无菌水等菌数较少的样品，可采用膜过滤法将污染微生物收集于膜过滤器上，加以浓缩后培养检测。通常孔径 $1.2\mu m$，用于酵母和霉菌收集。

孔径 $0.45\mu m$，用于较大的细菌(杆菌、球菌等)收集。

孔径 $0.2\mu m$，用于最小的球菌和细菌孢子收集。

孔径 $12\mu m$，用于含有较多悬浮物体的液体过滤。

(三)检测

1. 细菌污染的检测

肠道细菌利用麦康翻鲸脂培养基并在培养基内加入中性红染色指示剂和放线菌酮以抑制酵母和大多数其他微生物的生长。在 $30\pm0.1℃$ 温度下培养 $48\sim72$ 小时，24 小时检查菌落为红色、平滑者，可能是肠道细菌或克氏杆菌；红色、黏性者，可能是柠檬酸细菌；无色、微暗色或黄色、平滑者，可能是哈夫尼菌；48 或 72 小时检查菌落为无色、微暗色或黄色、平滑者是哈夫尼菌。

乳酸菌利用 MRS 琼脂培养基，SDA 李氏多级选择培养基 Raka-Ray 乳酸菌培养基分别在需氧或厌氧条件下 $27\sim30℃$ 培养，$3\sim6$ 天内都能得到正确的结果。

革兰氏阴性细菌利用硫化凉脂培养基可以进行发酵单胞菌的培养、鉴定，有些厌氧的革兰氏阳性菌、野生酵母在该培养基中会产生黑色菌落，有些非常厌氧的革兰氏阴性菌不容易分离，可以用 NYGP 培养基培养鉴定。

将待检测的醋酸菌分离物转接到溴甲酚绿琼脂培养基上，28℃ 培养。菌落及周围的培养基从浅蓝、绿色变为黄色的证实有酸产生。

2. 野生酵母的检测

野生酵母分为酵母属和非酵母属两类。利用结晶紫培养基、放线菌酮培养基和赖氨酸培养基三者相结合使用,可将野生酵母检出。

将待检测样品处理后涂布在结晶紫培养基上,28℃培养48小时,凡生长的即为酵母属野生酵母,如巴氏酵母、啤酒酵母椭圆变种和糖化酵母等,非酵母属的野生酵母不会生长。利用赖氨酸培养基,可以将结晶紫培养基不能检出的非酵母属野生酵母检出。在放线菌酮培养基上培养,会检出如毕赤氏酵母、圆酵母、酒香酵母等非酵母属的野生酵母,而酵母属的野生酵母不会生长。

四、补充知识:NBB 培养基

培养基可以分为选择性培养基和非选择性培养基。选择性培养基只检测对产品有害的微生物,而非选择性培养基则可将所有存在的微生物都培养出来。

NBB 是德国慕尼黑工业大学研制的一种啤酒有害菌专用培养基。该培养基由于加入了放线菌酮以及多种营养物质(如酵母浸膏、牛肉浸膏、葡萄糖、麦芽糖、L-苹果酸等),可以抑制酵母菌和啤酒无害菌的生长,为啤酒有害菌创造最适宜的生长条件。

另外,在 NBB-A 和 NBB-B 中,加入了酸碱试剂,以指示酸碱变化,遇酸变黄,遇碱变红。

培养基 NBB 几乎可以检测啤酒厂中的全部样品,如各类澄清样品、浑浊样品以及各种气体样品等,而且操作简单、鉴定迅速。当污染较严重时,样品只需培养1天即可;当仅有痕量污染时,微生物生长特别缓慢,培养时间也只需数天(在 25~28℃条件下,NBB-A 和 NBB-B 只需培养 5 天,而 NBB-C 只需要培养 5~10 天),与其他检测方法相比缩短了培养时间。另外,极其重要的一点是 NBB 培养基的检出选择性非常高,在所有的 NBB 产品中,只要保证严格的厌氧环境,则在其上生长的均为啤酒有害菌。此外,在好氧条件下,NBB 的检测范围也较宽,即在所有的 NBB 产品中能够生长的都是啤酒有害菌和指示性微生物,尤其是 NBB-B,检测指示性微生物的可靠性最高。

啤酒厂主要生产工序微生物控制指标见表 5-1:

表 5-1   啤酒厂主要生产工序微生物控制指标

工序	样品	取样点	取样周期	微生物控制指标	
				总菌数（个/mL）	大肠菌群（个/mL）
原料	水	贮罐	每周	≤100	<3
	处理洗涤用水		每周	≤10	0
	无菌水		每天	0	0
	大麦	贮仓	使用前	赤霉病粒	≤3%
	麦芽		使用前		
	空气	酵母培养室	使用前	<500 个/m³ 或 5 个/10 分钟	
		酵母扩培室	使用前	<500 个/m³ 或 5 个/10 分钟	
		主发酵室	每月	<1500 个/m³ 或10~12 个/10分钟	
		清酒室	每周	<1000 个/m³ 或10~12 个/10分钟	
	压缩空气	总过滤器出口	每周	100 个/分钟	
		酵母培养罐空气过滤器出口	使用前	0	
		主发酵空气过滤器出口		5 个10 分钟	
		后发酵空气过滤器出口		5 个10 分钟	
		灌装空气过滤器出口		5 个10 分钟（直接暴露法测总菌数采用 φ9cm 平皿）	
	气体二氧化碳	充二氧化碳管	使用前或每月	5 个/10 分钟	
糖化	热麦汁	薄板交换器进口	每批	0	0
	冷麦汁	主发酵前	每批	<100 个/100mL	0
主发酵	无菌水	贮罐	使用前	0	0
	洗涤灭菌后残水	酵母培养罐	使用前	<5	0
		发酵罐	使用前	<5	0
		酵母回收罐	使用前	<5	0
		薄板冷却罐	每批	<20	0
		清酒罐	使用前	<5	0
		过滤机	洗涤后	<10	0
		PVPP 机	洗涤后	<10	0
		软管及管接头	洗涤后	<10	0
		浸泡池	定期	<20	0
		冷麦汁管道	使用前	<10	0
		清酒管道	使用前	<10	0
		酵母回收管道	使用前	<10	0
		酵母添加管道	使用前	<10	0
	主发酵液	发酵罐	接种后2~4 天	<50	0

续表

工序	样品	取样点	取样周期	微生物控制指标	
				总菌数（个/mL）	大肠菌群（个/mL）
后发酵	嫩啤酒	发酵罐	过滤前	<50	0
	清酒	清酒罐	过滤后	<20	0
灌装	巴氏灭菌啤酒	清酒罐	每天或每批	<10	0
		瓶装啤酒	每天或每批	<10	0
		已装啤酒的瓶或罐	抽查	<10	0
	瞬时巴氏灭菌的啤酒	硅藻土过滤机	抽查	<20	0
		出口处	抽查		0
		清酒罐	抽查	<20	0
		纸板过滤机进口处	抽查	<20	0
		纸板过滤机出口处	每天定时	<20	0
		无菌啤酒罐	每批	<10	0
		灌装机进口处	抽查	<10	0
		空瓶或桶	抽查	<10	0
		瓶装后或压盖前	抽查	<10	0
		无菌喷淋水	抽查	0	0
		瓶装或桶装啤酒	每批	<10	0
	无菌过滤的啤酒（包括精过滤啤酒）	无菌过滤及进口	抽查	<20	0
		无菌过滤及出口	每天定时	<10	0
		无菌啤酒罐	每批	<10	0
		进入灌装机的啤酒	抽查	<10	0
		空瓶	抽查	<10	0
		装瓶后压盖前	抽查	<10	0
		压盖机	抽查	<10	0
		无菌喷淋水	抽查	0	0
		装瓶或桶装啤酒	每批	<10	0
酵母	斜面纯种酵母	实验室	每批	0	
	种酵母液	卡式罐	每批	0	
		酵母扩培罐	每批和接种前	0	
	回收酵母	主发酵室	每批接种前	细菌<100 个/10^6 个啤酒酵母；野生酵母<100 个/10^6 个啤酒酵母；已产孢子的啤酒酵母<100 个/10^6 啤酒酵母；酵母死亡率<5%	

第二节　清洗与灭菌

啤酒由富含糖分的麦汁经过酵母菌发酵而来，细菌与酵母菌的生存环境基本相似，所以在整个过程中，杀菌消毒便成了重中之重。

一、清洗的必要性

啤酒生产过程中，物料经过的容器多、管路长，加之所使用的原料富含丰富的营养物质，导致啤酒生产过程对设备、管路等要求清洗频次高、难度大。在日常清洗工作中，难免出现设备卫生死角，影响生产过程的卫生控制。为了消除日常清洗出现的卫生死角，可以利用淡季使用强效清洗剂或人工对设备进行彻底清洗，也称之为"大清洗"，以避免因设备卫生死角有污物积累而影响产品质量。

二、发酵罐在实际清洗中存在的问题

（1）发酵过程会产生大量的蛋白质、酒花树脂、多糖、酵母等有机物和草酸钙、硫酸盐等无机物，在发酵罐清空后，有机物和无机物污物附着在罐壁上，呈黄褐色。酒石数量多时，表面呈现白色，如同盐碱地表皮一样，无机物与有机物相互交织在一起。

清洗时使用火碱，只是对去除有机物有作用，清洗温度达到 70℃ 左右时，才会有较好的清洗效果。

清洗时采用单一的硝酸进行清洗，只是对无机物有一定效果，对有机物几乎无效。而发酵罐壁所结污物为无机物和有机物的混合物，使用单一清洗剂清洗困难。因此，有的啤酒厂每年都会对发酵罐进行一次大清洗，彻底清刷发酵罐。

（2）对于罐壁有修补的地方，表面不光滑，造成罐壁污物清洗困难。

（3）在采用喷淋球清洗时，由于自身的磨损或堵塞，导致部分发酵罐清洗不彻底，致使污物越积越多。

三、CIP 清洗工艺

以上诸多因素致使发酵罐经过长时间的使用后，罐壁积累了一定量的污物，使用常规清洗工艺难以彻底清除。

根据发酵罐大小、使用频次的多少，特制定以下工艺：

(一)碱性洗涤液的配制(以 200L 计)

(1)向 CIP 罐中加入部分凉水。

(2)向内依次加入 1kg 高效碱性清洗剂，1kg 火碱。

(3)补充余量水至 100L，升温至 65℃备用。

(二)酸性洗涤液的配制(以 200L 计)

(1)向 CIP 罐中加入部分凉水。

(2)向内依次加入 1kg HPC-4 高效酸性清洗剂，再加入部分凉水。

(3)最后加入 1kg 渗透剂，补充余量水至 100L，常温备用。

(三)双氧水洗涤液的配制(以 200L 计)

(1)向 CIP 罐中加入部分凉水。

(2)向内依次加入 1kg 双氧水，补充余量水至 100L，常温备用。

(四)具体执行操作工艺

(1)温水冲洗罐体 15 分钟。

(2)碱性洗涤液循环清洗 30 分钟，保证回流温度不低于 60℃。

(3)清水冲洗罐体至回流水，pH 值呈中性。

(4)酸性洗涤液循环清洗 30 分钟，常温。

(5)清水冲洗罐体至回流水，pH 值呈中性。

(6)双氧水洗涤液循环清洗 30 分钟，常温。

(五)洗涤罐的补加工艺

每清洗完一个发酵罐，需要向洗涤罐中补加药品后，方可进行下一罐的清洗。

（1）碱性洗涤液：HPC-1 补加 1kg，火碱补加 0.5kg。

（2）酸性洗涤液：HPC-4 补加 1kg，渗透剂 0.5kg。

（3）刷洗发酵罐后，放掉洗涤液重新配制。

（六）注意事项

（1）在配制酸性洗涤液时，要注意 HPC-4 高效酸性清洗剂原液与渗透剂原液不可接触。

正确的配制是：先向洗涤罐内注入 1/4～1/3 水；然后缓慢加入酸性清洗剂，待重新加水至 1/2 以上后，缓慢加入渗透剂；最后，加少许水至洗涤液刻度。

（2）CIP 系统应加入自清洗系统，CIP 罐本身需保持清洁，定期清洗。在其回路上要有过滤系统，既可保证洗涤液的清洁，又可防止污垢进入洗涤器造成堵塞。

（3）取样阀在进行 CIP 清洗时，同步进行反冲洗。

（4）软管、接管彻底清洗后，再浸泡在消毒剂中，并且软管要定期拉刷清洗。

（5）加大对管口、取样阀门、接管等部件的清洗、杀菌和防护，防止二次污染。

（6）保证洗涤系统运转正常，包括洗罐器是否转动，洗球是否堵塞，压力是否合适等。

洗球工作压力应为 0.35 ± 0.05MPa，即 CIP 罐出口压力表值应为 0.45MPa～0.50MPa（考虑管路、弯路、罐高的影响）。洗球压力过大，容易造成雾化，影响使用效果，洗罐器工作压力应≥0.35MPa，CIP 罐出口压力表值应为 0.55MPa～0.60MPa。

（7）碱性清洗剂循环完后，冲水过程一定要间断进行，防止泡沫停留在罐底，虽然 pH 值检测呈中性，但不一定是真结果，间断进行可将碱液及泡沫完全冲净，排除残余碱液对酸性清洗液及杀菌液的不利影响。此外，应特别注意 CIP 系统死角部分，即所有接触清洗剂的部分，在进行杀菌工艺之前，必须用清水冲至中性。

（8）大罐如果用液氨直接作冷媒，需将液氨完全回收后进行大刷洗工艺。

（9）确认大罐的真空阀工作正常。

（10）操作工要做好防护，戴手套、防护眼镜等，切勿溅到皮肤及眼中，若不慎溅到皮肤上，须用大量水冲洗。

从以上发酵罐大清洗统计分析可知，发酵罐每年生产前进行大清洗，能将罐内使用一年所积累的污物彻底清洗干净，有利于提高发酵卫生控制水平，提高产品质量。

但清洗成本有所增加。

四、小结

总之，啤酒生产的过程中，卫生控制是个系统工程，一方面要做好日常清洗和清理工作；另一方面要根据设备卫生状况，定期对设备进行深度清洗和清理，消除由于受设备设计、设备老化、清洗剂质量、操作等因素影响，导致日常清洗不彻底而积累污物，从而控制生产过程中的微生物，达到提高产品质量、稳定啤酒风味的目的。

第三节　粉　　碎

糖化时为使麦芽中内容物尽可能地被溶出，必须要对麦芽进行粉碎。粉碎是一个机械破碎的过程，在这一过程中必须保护麦皮，使之尽量完整，因为麦皮将用作过滤槽中的过滤介质。粉碎麦芽的设备叫粉碎机，根据粉碎方式不同，粉碎机又可分为干法粉碎机、湿法粉碎机、锤式粉碎机。

一、增湿干粉碎法

粉碎得越细，酶的作用面就越大，内容物也能更好地被分解。糖化结束后的麦汁过滤过程中，麦皮越完整对过滤越有利。

由于麦汁过滤时需要使用麦皮，因此麦芽粉随时要尽最大可能使麦皮不破碎。干燥的麦皮很容易破裂，从而降低过滤能力。反之，麦皮越潮湿，弹性就越大。加水湿润麦皮，可以更好地保护它的弹性，麦汁过滤也会更快，这个过程称为"增湿"。现在对粉碎的基本要求有：干燥的胚乳，粉碎时尽可能粉碎的细一些；潮湿、有弹性的麦皮。

溶解良好的麦芽粉碎时对粉碎辊筒的阻力小，因为麦芽内容物很脆、很疏松，所以溶解好的麦芽，其粉碎物中细粒、细粉的份额很大。溶解差的麦粒顶端和麦芽很坚硬且不易破碎，这表现为粉碎物中的粗粒比例高。由于它们在麦粒内部物质转化时未被转化，所以需要更强烈的酶促分解。这类内容物的浸出很难，若这些粗粒在糖化车间不能完全分解，就会降低浸出率。所以麦芽溶解越差，越需要细粉碎。

粉碎度会影响麦糟体积和麦糟的过滤能力。对于现在普遍适用的过滤槽来说，麦芽粉碎越细，麦糟体积就越小；麦芽粉碎越细，糟层的渗透性就越差，麦糟吸紧速度就越快，过滤时间也越长。甚至还会出现麦汁根本不能继续过滤的情况，因此在使用过滤槽时，麦芽不能粉碎过细，如果粉碎较细，则要相应减小糟层厚度。

以上所述不适用于新式压滤机，因为压滤机采用带细孔的聚丙烯滤布进行过滤，对于压滤机应使用锤式粉碎机进行细粉碎，以获得较高的收得率。

干燥的麦皮很脆，粉碎时容易破碎，而麦汁过滤时需要麦皮作为过滤层，为了保护麦皮，人们通常会在干粉碎之前对麦芽进行湿润处理，这个过程称为增湿。

增湿干粉碎时，通过饱和蒸汽或30~35℃的水在粉碎前对麦芽进行1~2分钟的增湿处理可提高麦皮中的水分。采用蒸汽可提高1.2%~1.5%，采用热水可提高2.0%~2.5%，而麦粒内部的水含量仅增加0.3%~0.5%。这样做的优点是：麦皮非常有弹性，可以更好地被粉碎出来。麦皮的体积增加10%~20%，过滤层更加疏松，过滤速度提高，收得率和最终发酵度上升，糖化时碘检合格更快。缺点是需要清洗粉碎机。

二、粉碎物的评价

一般麦芽粉碎要求粗粉与细粉比例为1:2.5，细粉比例过大会影响麦汁过滤。

粉碎时，要经常检查粉碎物的质量，但这种检查仅适用于干法粉碎和增湿粉碎，湿法粉碎只能采用感官评价。

为了能够精确取样，干法粉碎机的每一对辊筒下面都安装着一个取样器，粉碎机的出口处有一个可取150~200g最终粉碎物的特殊取样装置，为了避免出现误差，总粉碎物量不允许改变(见图5.2)。经验式的粉碎物组成评价会出现较大误差，准确的评价必须在实验室采用分级筛进行。

可用普式平板筛准确评价粉碎物的质量，这是一个小型平板筛，其中有五层筛子，它们将100~200g粉碎物样品分为6种组分(见表5-2)：

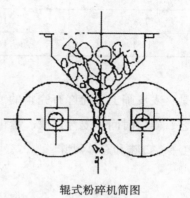

辊式粉碎机简图

图 5.2 辊式粉碎机

表 5-2 普式平板筛的组分

筛号	组分	筛子厚度（mm）	筛孔宽度（mm）
1	麦皮	0.31	1.27
2	粗粒	0.26	1.01
3	细粒 I	0.15	0.547
4	细粒 II	0.07	0.253
5	细粉	0.04	0.152
筛底	粉末	—	—

过滤槽或压滤机粉碎物的正常分级值如表 5-3 所示：

表 5-3 过滤槽或压滤机粉碎物的正常分级值

筛号	过滤槽粉碎物	传统过滤槽粉碎物	压滤机 2001 粉碎物
1	18%	11%	1%
2	8%	4%	2%
3	35%	16%	15%

筛号	过滤槽粉碎物	传统过滤槽粉碎物	压滤机 2001 粉碎物
4	21%	43%	29%
5	7%	10%	24%
筛底	11%	16%	29%

重要的是：麦皮筛上不允许有完整的或只是稍微破裂的麦粒。粉碎质量的好坏会影响糖化工艺、碘检时间、麦汁过滤、糖化收得率、发酵、啤酒的可滤性（β-葡聚糖含量）、啤酒色泽、口味和总体风味。

第四节　麦汁制备

麦芽经过粉碎然后进行糖化等一系列工作成为待发酵的麦汁。

一、糖化

糖化淀粉加水分解成甜味产物的过程，是麦汁制备中最重要的过程。在糖化过程中，水与麦芽粉碎物进行混合，由此使麦芽中的内容物溶出，获得浸出物。糖化时的物质转化具有重要意义。

(一) 糖化的目的

麦芽粉碎物中的内容物大多是非水溶性的，而浸入啤酒中的物质只能是水溶性的物质，因此我们必须通过糖化，使粉碎物中的不溶物转变为水溶性物质（所有进入溶液的物质称为浸出物）。

水溶性物质包括糖、糊精、矿物质和某些蛋白质。非水溶性物质包括淀粉、纤维素、部分高分子蛋白质以及其他随麦糟排走（麦汁过滤结束时）的化合物。

从经济角度出发，人们总是力求尽可能多地使非水溶性物质转化为水溶性物质，即尽可能获得大量浸出物，分别用糖化车间收得率和麦糟浸出物量来表示。

但重要的不仅是浸出物的数量，还有浸出物的质量，因为某些化合物（如来自麦皮的多酚物质)并不需要，而有的物质却必不可少。

(二)糖化的方法和工艺原理

1. 糖化过程中的主要物质变化

(1)淀粉的分解：麦芽的淀粉含量占其干物质量的58%~60%，辅助大米的淀粉含量为干物质量的80%~85%，玉米的淀粉含量为干物质量的69%~72%。淀粉是酿造啤酒中最主要的成分。淀粉的分解分为三个不可逆过程，彼此连续进行，即糊化、液化和糖化。

淀粉分解的要求：淀粉必须分解到碘液不起呈色反应；淀粉不可全都为可发酵性糖，而应保持一部分不发酵和难发酵的低级糊精。糖化是要将醪液冷却到室温进行碘检：碘液遇到淀粉和较大分子糊精时呈蓝色，遇到中分子糊精时呈现紫色至红色，但糖化并未结束，遇到糖类和较小分子糊精时则不变色，说明糖化结束。糖化结束后的过滤及麦芽汁煮沸结束时，也要进行碘液检查，不能出现变色现象，以免由于淀粉或糊精的存在而影响啤酒的质量和稳定性。

淀粉分解酶类有：

①α-淀粉酶：是一种对热较稳定、作用迅速的液化型淀粉酶。可将淀粉分子链内的α-1，4葡萄糖苷键任意水解，但不能水解α-1，6葡萄糖苷键。其作用产物为含有6~7个单位的寡糖。作用直链淀粉时，生成麦芽糖、葡萄糖和小分子糊精；作用支链淀粉时，生成界限糊精、麦芽糖、葡萄糖和异麦芽糖。淀粉水解后，糊化醪的黏度迅速下降，碘反应迅速消失。

②β-淀粉酶：是一种耐热性较差、作用较缓慢的糖化型淀粉酶。可从淀粉分子的非还原性末端的第二个α-1，4葡萄糖苷键开始水解，但不能水解α-1，6葡萄糖苷键，而能越过此键继续水解，生成较多的麦芽糖和少量的糊精(见图5.3)。

③R-酶：又称异淀粉酶，它能切开支链淀粉分支点上的α-1，6葡萄糖苷键，产生小分子的葡萄糖、麦芽糖、麦芽三糖。此酶虽然没有成糖作用，却可协助α-淀粉酶和β-淀粉作用，促进成糖，提高发酵度。

④界限糊精酶：能分解界限糊精中的α-1，6葡萄糖苷键，产生小分子的葡萄糖、麦芽糖、麦芽三糖和直链寡糖等。由于α-淀粉酶和β-淀粉酶不能分解界限糊精中的α-1，6葡萄糖苷键，所以界限糊精酶可以补充α-淀粉酶和β-淀粉酶分解的不足。

⑤蔗糖酶：能分解来自麦芽的蔗糖，产生葡萄糖和果糖。虽然其作用的最适温度

低于淀粉分解酶，但在62~67℃条件下仍具有活力。

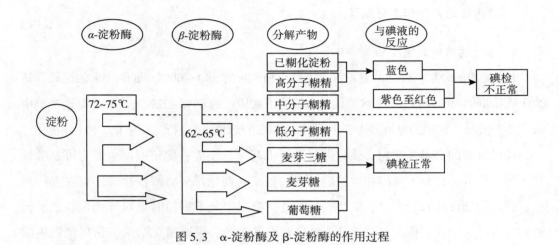

图5.3 α-淀粉酶及β-淀粉酶的作用过程

（2）糊化：淀粉颗粒在一定温度下吸水膨胀，淀粉颗粒破裂，淀粉分子溶出，呈胶体状态分布于水中而形成糊状物的过程称为糊化。形成糊状物的临界温度称为糊化温度。不同种类的淀粉的糊化温度是不同的（见表5-4）。

表5-4 不同来源淀粉的糊化温度

淀粉种类	大麦淀粉	小麦淀粉	玉米淀粉	麦芽淀粉
糊化温度/℃	70~80	60~85	65~87	70~80

（3）液化：指淀粉糊化为胶黏的糊状物，在α-淀粉的作用下，将淀粉长链分解为短链的低分子的α-糊精，并使黏度迅速降低的过程称为液化。大米或玉米作为麦芽的辅助原料，主要是提供淀粉，为了促进糊化、液化，防止糊化醪稠厚和黏结锅底，必须在辅料中加入15%~20%麦芽或α-淀粉酶（6~8g原料），使其在55℃起就开始糊化、液化，还可以缩短时间。

（4）糖化：在啤酒酿造中，淀粉的糖化是指辅料的糊化醪和麦芽中的淀粉受到麦芽中淀粉酶的作用，产生以麦芽为主的可发酵性糖和以低聚糊精为主的非发酵性的过程。在糖化过程中，随着可发酵性糖的不断产生，醪液黏度迅速下降，碘液反应由蓝色逐步消失至无色。可发酵性糖是指麦芽汁能被下面啤酒酵母发酵的糖类，如果糖、葡萄糖、蔗糖、麦芽糖、麦芽三糖和棉籽糖等。非发酵性糖(也称非糖)是指麦芽汁中不能被下面啤酒酿造发酵的糖类，如低聚糊精、异麦芽糖、戊糖等。非发酵性糖，虽然不能被酵母发酵，但它们对啤酒的适口性、黏稠性、泡沫的持久性以及营养等方面均起着良好的作用。如果啤酒中缺少低级糊精，则口味淡薄，泡沫也不能持久。但含量过多，会造成啤酒发酵度偏低，黏稠不爽口和有甜味的缺点。一般浓色啤酒糖与非糖之比控制在 1∶(0.5~0.7)，浅色啤酒控制在 1∶(0.23~0.35)，干啤酒及其他高发酵度的啤酒可发酵性糖的比例会更高。

糊化、液化与糖化是相互关联的，糊化促进液化的迅速进行，液化又促进淀粉的充分糊化。液化质量的好坏，决定了糖化能否完全、麦芽汁质量的好坏以及过滤盒洗糟速度的快慢。

(5)蛋白质的水解：糖化时蛋白质的水解具有重要意义，其分解产物既影响啤酒泡沫的多少，泡沫的持久性，啤酒的风味和色泽，又影响酵母的营养和啤酒的稳定性。糖化时蛋白质的分解称为蛋白质休止，分解的温度称为休止温度，分解的时间称为休止时间。在糖化过程中，麦芽蛋白质继续分解，但分解的数量远不及制麦时分解得多。因此，蛋白质溶解不良的麦芽，经过蛋白质休止后分解仍是不足的，但这并不意味着没有分解蛋白质的必要，而需进一步加强对蛋白质的分解。相反对溶解良好的麦芽，蛋白质的分解作用可以减弱一些。

蛋白质的水解程度的测定方法有：

①隆丁区分法：将麦芽汁所含的可溶性含氮物质，用单宁和磷钼酸铵分别沉淀，可区分为 A、B、C 三个组分。A 组分为高分子蛋白质，高分子蛋白质含量过高，煮沸时凝固不彻底，极易引起啤酒早期沉淀；B 组分中分子蛋白质，含量过低，啤酒泡沫性能不良，含量过高也会引起啤酒混浊沉淀；C 组分为低分子蛋白质，含量过高，啤酒口味淡薄，酵母易衰老，但过低则酵母的营养不足，影响酵母的繁殖。区分标准为：A 组分 25%左右，B 组分 15%左右，C 组分 60%左右。

②库尔巴哈指数：又称麦芽蛋白质溶解度，是麦芽汁中总可溶性氮与麦芽总含氮量之比。此值越高，说明麦芽的蛋白分解越完全，一般多波动在 85%~120%。

③甲醛氮与可溶性氮之比：测定麦芽汁中的甲醛氮和可溶性氮，求出甲醛氮与可溶性氮之比的百分数。此值保持在 35%~40%为蛋白质分解适中，过高为分解过分，过低为分解不足。

④α-氨基酸的含量：麦芽汁中α-氨基酸的含量不仅关系到酵母的营养，也关系到酵母代谢产物的变化。α-氨基氮含量过低，酵母会利用糖合成酮酸，再通过转氨作用，得到 NH_2。而生成需要的氨基酸，大量的酮酸存在必然会形成大量的高级醇、酯和双乙酰，啤酒中双乙酰的含量就会增高；α-氨基氮含量高，会通过脱氨脱羧形成过多的高级醇，同时造成啤酒起泡性差，口味淡薄。12°P 麦芽汁，α-氨基氮含量应保持在 180±200mg/L，11°P 麦芽汁以 160mg/L 为宜，10°P 麦芽汁以 150mg/L 为宜。含量过高为分解过度，含量过低则为分解不足。麦芽中催化α-氨基酸生成的酶见表 5-5。

表 5-5　　　　　　　　　能产生氨基酸的一系列的酶

酶名称	最适 pH 值	最适温度/℃	失活温度/℃	作用基质	产物
蛋白酶	5.0~5.2	50~65	80	蛋白质、肽	以多肽为主，肽、氨基酸
羧肽酶	5.2	50~60	70	以肽为主，其次为蛋白质	氨基酸
氨肽酶	7.2~8.0	40~45	50 以上	以肽为主，其次为蛋白质	氨基酸
二肽酶	7.8~8.2	40~45	50 以上	二肽	氨基酸

（6）β-葡萄糖的分解：麦芽中的β葡聚糖是胚乳细胞壁和胚乳细胞之间的支持和骨架物质。大分子β-葡聚糖呈不溶性，小分子呈可溶性。在 35~50℃时，麦芽中的大分子葡聚糖溶出，提高醪液的黏度。尤其是溶解不良的麦芽，β-葡聚糖的残存高，麦芽醪过滤困难，麦芽汁黏度大。因此，糖化时要创造条件，通过麦芽中内β-1，4 葡聚糖酶和内β-1，3-葡聚糖酶的作用，促进β-葡聚糖的分解，使β-葡聚糖降解为糊精和低分子葡聚糖。糖化过程控制醪液 pH 值在 5.6 以下，温度在 37~45℃休止，有利于促进β-葡聚糖的分解，降低麦芽汁黏度（1.6~1.9mPa·s）

（7）滴丁酸度及 pH 值的变化：麦芽所含的磷酸盐美在糖化时继续分解有机磷酸盐，改善醪液缓冲性，有益于各种酶的作用。

（8）多酚物质的变化：酚类物质存在麦皮、胚乳的糊粉层和贮存蛋白质层中，占大麦干物质量的 0.3%~0.4%。溶解良好的麦芽，游离的多酚多，在糖化时溶出的多酚也多，在高温条件下，与高分子蛋白质络合，形成单宁-蛋白质的复合物，影响啤酒的非生物稳定性。多酚物质的酶促氧化聚合贯穿于整个糖化阶段，在糖化休止阶段（50~65℃）表现得最突出，又会产生涩味、刺激味，导致啤酒口味失去原有的协调性使之变得单调、粗涩淡薄，影响啤酒的风味稳定性。氧化的单宁与蛋白质形成复合物，在冷却时呈不溶性，形成啤酒混浊和沉淀。因此，采用适当的糖化操作和麦芽汁煮沸，使蛋白质和多酚物质沉淀下来。适当降低 pH 值，有利于多酚物质与蛋白质作用而沉淀析出，降低麦芽汁色泽。在麦芽汁过滤中，要尽可能地缩短过滤时间，过滤后的麦芽汁应尽快升温至沸点，使多酚氧化酶失活；防止多酚氧化麦芽汁颜色加深、啤酒口感粗糙。

(9)无机盐的变化：麦芽中含有机盐 2%～3%，其中主要为磷酸盐，其次有 Ca、Mg、K、S、Si 等盐类，这些盐大部分会溶解在麦芽汁中，它们对糖化发酵有很大的影响，例如：钙可以保护酶不受温度的破坏，磷提供酵母发育必需的营养盐类等。

(10)黑色素的形成：黑色素是由单糖和氨基酸在加热煮沸时形成的，它是一种黑色或褐色的胶体物质，它不仅具有愉快的芳香味，而且能增加啤酒的泡沫性，调节 pH 值，所以它是麦芽汁中有价值的物质，但其量必需适当，过量的黑色素不仅使有价值的糖和氨基酸受到损失，还会加深啤酒的色素颜色。

(11)脂类分解：大麦中国的脂类物质主要贮藏于麦胚中，在发芽过程中被脂肪酶分解形成大量脂肪酸和高分子游离脂肪酸，其中一部分被利用。低温下料有利于脂类物质的分解，但在麦芽汁煮沸后，大量的类脂被分离后的凝固物吸附，所以定型麦芽汁中总脂肪酸的含量仅为煮沸前麦芽汁的 1%～2%。

2. 糖化方法

糖化方法是指麦芽和非发芽谷物原料的不溶性固形物转化成可溶性的并有一定组成比例的浸出物，所采用的工艺方法和工艺条件见图 5.4：

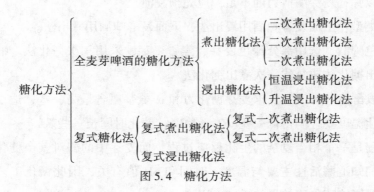

图 5.4 糖化方法

(1)全麦芽啤酒的糖化方法有煮出糖化法和浸出糖化法两类。浸出糖化法是完全依靠生化作用进行的糖化方法，分恒温浸出糖化法和升温浸出糖化法。煮出糖化法，是生化作用和物理(加热)作用并用的糖化方法，根据部分麦芽醪液煮沸的次数，分为一次、二次、三次煮出法。

（2）加辅料啤酒的糖化方法是国内采用最多的方法，又称复式糖化法。所谓复式即指含有麦芽和辅料（大米、玉米等未发芽的谷物）处理两个过程的操作。根据糊化锅和糖化锅兑醪的次数又分为复式浸出糖化法、复式一次煮出糖化法和复式二次煮出糖化法。生产浅色啤酒可以采用复式一次煮出糖化法。

近年来国内外 Lager 型浅色啤酒，均色泽极浅（5.0~6.0EBC），发酵度高（12°P 啤酒真正发酵度达 66%左右），残余可发酵性糖少，泡沫好（泡持时间在 5 分钟以上），均喜欢采用复式浸出糖化法酿制浅色啤酒。酿制特点：辅料需单独处理，进行液化和糊化。利用麦芽中淀粉酶作液化剂，液化温度为 70~75℃，糊化料水比为 1∶5 以上；如采用耐高温 α-淀粉酶作液化剂协助糊化、液化，液化温度可达 90℃左右，辅料比例大（占 30%~40%），糊化料水比为 1∶4 以上。并醪后不再进行煮沸，而是在糖化锅中升温达到糖化各阶段所需要的温度。该工艺生产过程简单，糖化时间短（一般在 3 小时以内），耗能少。糖化煮沸锅结构图见图 5.5。

糖化方法的选择应考虑以下因素：

①原料：使用溶解良好的麦芽，采用复式浸出糖化法或复式一次煮出糖化法，蛋白分解温度适当高一些，时间可适当控制短一些。

使用溶解一般的麦芽，采用复式一次煮出糖化法，蛋白质分解温度可稍低，延长蛋白分解和糖化时间。

使用溶解较差、酶活力低的麦芽，采用复式二次煮出糖化法，控制谷物辅料用量或外加酶，以弥补麦芽酶活力的不足，应先预浸渍。

②产品类型：上面发酵啤酒用浸出法，下面发酵啤酒用煮出法。

酿造浓色啤酒，选用部分深色麦芽、焦香麦芽，采用三次糖化法。酿造淡色啤酒采用复式浸出糖化法或复式一次煮出糖化法。

制造高发酵度的啤酒，要求麦芽糖化力和 α-氨基氮含量高一些，适当延长蛋白分解时间，糖化温度要控制得低一些（62~64℃），糖化时间长一些。

糖化过程是一个相当复杂的生化反应过程，而麦芽中的酶对整个糖化过程起着决定作用。我们知道酶活性主要与温度、时间和 pH 值有关，因此糖化工艺技术条件选择的依据就是影响酶作用效果的这三个因素。

（3）工艺要求：

糊化锅升温速度控制为 1~1.5℃/分钟；

糖化锅升温速度控制在 0.6~1.0℃/分钟；

糖化结束前每隔 5 分钟用碘液检查一次，直至醪液无碘液反应；

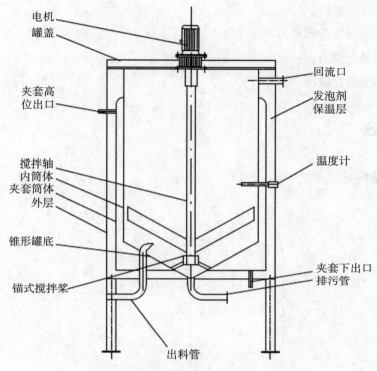

图 5.5　糖化煮沸锅结构图

糖化温度控制准确，偏差为±0.5℃；

冰水罐水温控制在 1.5~3.0℃，热水罐水温 80~85℃。

(4)温度控制：

糖化温度的变化通常是由低温逐步升至高温，以充分发挥各种酶的作用效果。糖化过程中各温度段下的作用分别如下：

35~39℃酶等可溶性物质的溶出；

40~52℃有机磷酸盐、β-葡聚糖、蛋白质的分解，R-酶的解支作用；

50~55℃内肽酶作用，形成可溶性氮；

53~65℃有利于 β-淀粉酶的作用；

65~75℃有利于 α-淀粉酶的作用；

76~78℃ α-淀粉酶等耐高温酶仍起作用，浸出率下降；

80~85℃ α-淀粉酶开始失活。

85℃以上全部酶失活。

(5)糖化锅操作各温度阶段的作用如下：

36~41℃浸渍阶段；

45~55℃蛋白质分解阶段；

62~70℃糖化阶段；

75~78℃糊精化阶段。

二、过滤

过滤槽结构见图5.6。

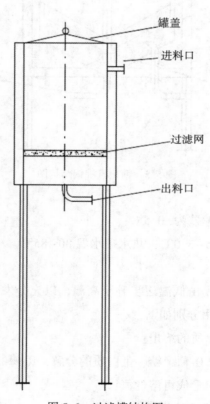

罐盖

进料口

过滤网

出料口

图5.6 过滤槽结构图

三、煮沸

麦汁煮沸过程中会发生一系列变化，这些变化对酿造过程具有重要意义。

(一)酒花组分的溶解和转变

下列酒花组分对啤酒具有重要的意义：

1. 酒花树脂或苦味物质

酒花树脂或苦味物质对啤酒十分重要，它赋予啤酒苦味。α-酸不溶于冷麦汁，在煮沸时其结构从α-酸改变为异α酸，异α-酸更容易溶于麦汁中。并不是所有的α-酸都可以异构化，与麦汁的比重与煮沸时间有关，最终大约只有1/3的α-酸转变为异α-酸，并且在煮沸过程中还有大量的苦味物质被析出，所以在计算IBU时候需要注意这一损失。

pH值对异构化也同样有影响，较高的pH值有利于提高异构率，而较低的pH值则有利于苦味的协调和细腻(pH值为5.4)。

2. 酒花油

酒花油主要为啤酒带来香气，然而煮沸时酒花油极易挥发，煮沸时间越长挥发越多。为了使酒花油至少能部分溶解到啤酒中，大多数都在麦汁煮沸结束前15~20分钟添加香型酒花，以便保留一些酒花香气。十分强调酒花香气的啤酒类型(如IPA)也通常采用酒花干投的方式，将酒花直接投放到发酵中的啤酒中去。也有采用酒花过滤罐的方式，使麦汁或啤酒流过布满酒花的过滤槽以达到吸收酒花油的目的。不管采用什么方式，只要记住，酒花油是极易挥发的，直接长时间熬煮酒花并不能为啤酒带来香气。

3. 酒花多酚物质

酒花多酚物质能很快地溶解到麦汁中，花色苷、单宁和儿茶酸(素)属于酒花多酚物质，它们主要参与凝固物的形成。多酚物质会在啤酒生产过程中聚合(尤其是花色苷)，对啤酒的稳定性十分不利，此外还会增加啤酒的醇厚感和苦味(涩口)。

(二)蛋白质-多酚复合物的形成和分离

酒花和麦芽中的多酚物质在麦汁中完全溶解并与蛋白质结合起来，在此聚合反应中，酒花多酚物质比麦芽多酚物质活泼一些。蛋白质和多酚物质以及蛋白质和氧化后多酚物质形成的复合物加热时不溶解并在煮沸时以凝固物形式析出(絮状物)，应将其尽可能从麦汁中分离出去。下列因素可促进热凝固物的形成：

(1)长时间煮沸：煮沸2小时能大量分离出凝固物。煮沸压力越高，煮沸温度就越高，蛋白质析出所用的时间越短。

（2）煮沸麦汁的强烈运动：剧烈的沸腾可加剧蛋白质与聚多酚之间的反应。

（3）降低 pH 值：形成凝固物的最佳 pH 值为 5.2。

尽管经过长时间煮沸，麦汁中仍然含有少量高分子可凝固性氮，它可在啤酒中析出，造成啤酒的冷浑浊。

1. 水分蒸发

长期以来，10%～15%的麦汁蒸发量一直是优质煮沸锅的标志，如今改用蒸发强度即总蒸发率表示，计算公式为：蒸发强度=蒸发掉的水/煮前满锅麦汁×100%。

2. 麦汁灭菌

煮沸还有一个重要的目的，就是消灭麦汁中的所有微生物。在煮沸之前所有的微生物都被消灭，煮沸后的卫生问题尤其重要，因为在煮沸结束后，麦汁将进入发酵罐中等待发酵。

3. 酶的彻底破坏

煮沸将破坏掉麦汁中所有的酶，从而阻止糖化的继续，稳定了麦汁组分。

4. 麦汁色度的上升

煮沸过程中形成类黑素和多酚物质的氧化使麦汁的色度不断升高，打出麦汁的色度会高于成品啤酒的颜色，因为在发酵时色度又会变浅。

5. 麦汁酸度的增加

煮沸时形成的酸性类黑素和酒花带入的酸性物质使麦汁酸度上升约 0.1pH。pH 值较低时，许多重要过程进行地更迅速，更有利于啤酒生产，在麦汁煮沸过程中，pH 值为 5.2 对蛋白质-多酚物质的析出有利；pH 值较低时麦汁色度上升，酒花苦味度更细腻柔和。微生物对低 pH 值非常敏感。

6. 形成还原性物质

麦汁煮沸过程中形成了能与麦汁中氧结合的还原物质，例如类黑素物质。

（三）减少二甲基硫（DMS）和其他挥发性物质的含量

如果制麦过程中的 DMS 去除不够，煮沸时也无法弥补，那么，人们要求麦芽中的 DMS 前驱物质 SMM 的含量不超过 5mg/kg。

SMM 会通过酵母的酶还原作用或杂菌污染形成 DMS，葡萄糖和含硫氨基酸之间产生的美拉德反应也是形成 DMS 的一种途径。

DMS 是一种易挥发的化合物，它的前置物 SMM 的半衰期取决于煮沸温度和煮沸时间，较低的 pH 值会延长半衰期，因此，人们在麦汁快打出之前才调整 pH 值。麦汁煮沸结束后，SMM 转变为 DMS 的过程继续进行，而且随着热保温的增加以及保温时间的延长而加剧。因此，麦汁打出后应尽可能减少热负荷，这也是为了避免继续形成美拉德反应产物，比如尽量缩短冷却时间。发酵时 DMS 也会随着发酵气体排出，发酵温度越高洗涤效果越强。总的来说，接种麦汁中的 DMS 含量会在成品啤酒中反映出来。

锌是麦汁中最重要的微量元素，至少应该达到 0.10~0.15mg/L。锌能够促进酵母细胞的蛋白质合成并调节核酸以及糖类的代谢，也是酒精发酵过程中必不可少的结构物质。麦汁中缺乏锌会导致发酵困难，但在通常情况下，麦汁中都含有足够量的锌(尤其是纯麦芽麦汁)，当发酵困难时可以注意一下锌的含量。

四、旋沉

回旋沉淀是在回旋沉淀槽中完成的，回旋沉淀槽是立式的柱形槽，麦汁沿切线方向进入回旋沉淀槽，产生涡流(回旋效应)，凭借离心力的作用使凝固物以锥丘状沉降于槽底中央，与麦汁分离开来，清亮的麦汁从侧面或者侧底部的麦汁出口排出，热凝固物从罐底出口排出回旋沉淀槽。应用最多的是平底圆柱罐，回旋沉淀槽结构见图5.7。

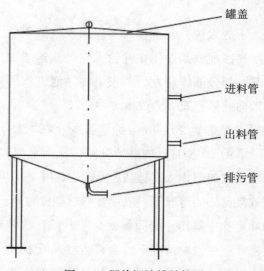

罐盖

进料管

出料管

排污管

图 5.7　回旋沉淀槽结构图

(一) 回旋沉淀槽的操作

1. 进罐

麦汁在回旋沉淀槽中旋转方向应与"科里奥利"惯性力一致。因此在北半球正确的旋转方向应该是逆时针方向，在南半球应该是顺时针方向。麦汁进槽的线速度以不低于 10m/s 的切线方向进入回旋沉淀槽。为减少吸氧，先从底部喷嘴进料，当液位至侧面喷嘴时改为侧面喷嘴进料。

2. 静置

静置 20~40 分钟后，检查浊度，测定麦汁的浓度和容量。

3. 出罐

静置结束后，将麦汁从出口泵入板式换热器。排放麦汁时，回旋沉淀槽应自上而下开启出口阀门，分段排放。其中，在开启最底部出口阀门时要注意控制流量，防止槽内流动过快而冲动沉淀物，当麦汁降至接近凝固物丘状顶端时，要精确调整麦汁泵，使其泵出速度不高于麦汁从热凝固物丘状体中渗出的速度，避免热凝固物分裂塌陷，随麦汁进入板式换热器，影响麦汁冷却和酵母发酵。

4. 除渣

槽底中心的热凝固物用水冲入凝固物回收罐或者直接排放。

(二) 回旋沉淀槽的操作要点

首先要注意麦汁泵入不能太快，泵工作时不应出现气蚀现象，因为气蚀现象形成的剪切力会打散凝固物。气蚀现象是液体在叶轮入口处流速增加，压力低于工作水温对应的饱和压力，会引起一部分液体蒸发，蒸发后的气泡进入压力较高的区域时受压凝结，于是四周的液体就向此处补充，造成水力冲击。

麦汁在回旋沉淀槽中一般静置 20~40 分钟。若麦汁在回旋沉淀槽内停留时间过长，将会使煮沸时没有分解的 DMS 前驱物继续分解，从而形成较高的 DMS 含量，同时还会使产生的老化味物质的前驱物浓度提高，从而引起啤酒的风味稳定性变差。

除此之外，在沉淀效果良好的情况下，应尽量缩短静置时间，以免麦汁色泽加深。

如果丘状体凝固物从麦汁中露出，凝固物就会散开。丘状体凝固物露出麦汁液面的部分像海绵一样吸收麦汁，在这种情况下，会将麦汁从丘状体中挤出，这样会使凝固物丘状体流散一部分，对此，可通过限制麦汁快流完时的流速进行补救。麦汁煮沸后，要经过回旋沉淀，除去热凝固物。

五、冷却

麦汁冷却会出现一系列强烈影响发酵的过程，此外，麦汁的浸出物浓度和数量会发生变化，同时麦汁中发生物质转化，这些物质转化可通过分析色度的加深和其他物质的变化来确定。

(一) 麦汁冷却

长时间的缓慢冷却会增加啤酒中有害微生物繁殖的可能性（以及 DMS 的继续产生），所以快速冷却非常重要。麦汁在煮沸结束打出时是无菌的，如果啤酒有害菌在生产过程中进入了啤酒并得以繁殖，那么这些有害菌会破坏啤酒，导致无法饮用。

1. 冷凝固物的形成及最佳分离

麦汁温度降至 60℃ 时，原来清亮的麦汁开始出现浑浊，这些浑浊物由直径约 0.5μm 的微粒组成，称为冷凝固物或细凝固物。由于这些颗粒十分细小，沉降很困难，冷凝固物具有附着在其他颗粒（比如酵母细胞或气泡）表面的特点，如果冷凝固物附着在酵母细胞表面，会减少酵母的表面接触面积，影响发酵速度，这种现象称为酵母黏糊。

酵母的重复使用次数越多，冷凝固物的分离越重要，如果不断使用新扩培的酵母，则不一定必须分离冷凝固物。

冷凝固物是蛋白质-多酚物质的混合物，低温时强烈析出，加热时一部分可重新溶解，这意味着，麦汁冷却时，仍有一定量的冷凝固物以溶解的形式存在于麦汁中。而这部分冷凝固物并不需要完全分离掉，它们可以组成啤酒醇厚的酒体以及有利于产生泡沫。最佳残余量应为 120~160mg/L 干物质，将冷凝固物含量减少到此值后，人们可以肯定：啤酒的苦味更加柔和，啤酒的泡沫得到改善（脂肪酸的分离），啤酒的口味稳定性得到改善，发酵比较强烈。

2. 麦汁的通风供氧

高温下给麦汁通风可导致强烈的氧化，从而使麦汁色泽加深、苦味加重，但酵母增值必需氧气，在厌氧条件下，酵母增值会立即停止，发酵进程将因此减慢，这个问题可通过对冷麦汁的充分供氧来解决。

3. 麦汁浓度的变化

在开放式的冷却设备中，水分会蒸发，麦汁在冷却盘中静置时间越长，蒸发掉的水分就越多，从而使麦汁浓度升高。在封闭式的冷却系统中，水分不会蒸发，但是需要进水顶麦汁，以减少麦汁的浸出物损失，这会降低麦汁浓度，因此必须高度重视麦汁冷却时的浓度变化，保证麦汁的接种浓度。

（二）麦汁冷却设备

1. 板式热交换器

如今用于快速冷却麦汁的设备都是板式热交换器（简称薄板冷却器）（见图5.8），在薄板冷却器中麦汁被冷水冷却，热交换通过不锈钢薄板进行。在薄板冷却器中，冷水将热麦汁从95℃～98℃冷却至接种温度，同时冷水被加热到一定温度。在这一过程中，热麦汁的热量传递给冷水。

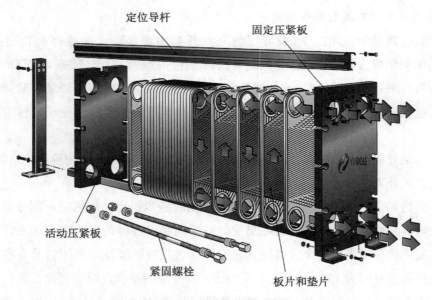

定位导杆

固定压紧板

活动压紧板

紧固螺栓

板片和垫片

图5.8　板式热交换器示意图

2. 板式换热器的具体工作原理

板式换热器是由一系列具有一定波纹形状的金属片叠装而成的一种新型高效换热器。各种板片之间形成薄矩形通道，通过半片进行热量交换。它与常规的管壳式换热器相比，在相同的流动阻力和泵功率消耗情况下，其传热系数要高出很多，在适用的范围内有取代管壳式换热器的趋势。

3. 板式换热器的工作过程

（1）隔离换热介质、传递热量，板片上有波纹，能够让换热介质紊流，从而增强换热系数。

（2）依靠换热介质自身压力或者用泵提供压力（紊流流动）（见图 5.9）。

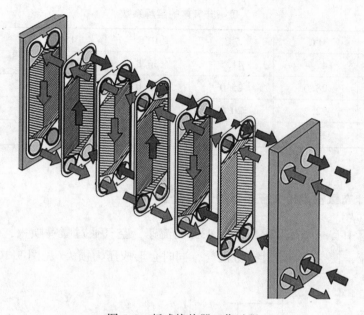

图 5.9　板式换热器工作过程

六、麦汁充氧

酵母繁殖必需氧气，为此，我们必须给酵母提供足够的氧气。若耽误或延缓充氧，则不利于酵母的增殖和发酵速度。在啤酒酿造过程中，麦汁通风是唯一一次给酵母提供氧气的机会。酵母可以在几小时内消耗掉提供的氧气，对麦汁质量无损害。

为使空气溶解至冷麦汁中，必须通入很细小的空气泡，并以涡流形式与冷麦汁进行混合，使麦汁中的溶解氧达到 $8 \sim 9mg/L$。要达到此溶解氧量必须使用大量的空气。理论上每百升麦汁需约 3L 空气，但实际上需要几倍的量。因为一部分气泡不溶于麦汁，空气不能完全均匀分布。问题在于细小气泡的通入，它们必须在麦汁中均匀分布并溶解，上升至麦汁表面的气泡会形成碍事的泡沫，这些泡沫量可能很大，从而阻碍通氧过程。

压缩空气必须无菌。因此通氧前需要安装一个无菌空气过滤器。

气体的溶解取决于温度和压力,每种气体都有由温度决定的特有"技术溶解系数",表5-6给出了每毫升气体(1kg水·100kPa)的溶解系数:

表5-6 每毫升气体的溶解系数

	0℃	5℃	10℃	15℃	20℃
氧气	47.4	41.5	36.8	33.0	30.0
空气	28.0	25.0	22.0	20.0	18.0
氮气	22.5	20.0	18.1	16.5	15.2
CO_2	1658	1378	1159	987	851

(一)麦汁充氧使用带文丘里管的通风设备

文丘里管中有一管径紧缩段,用来提高流速,空气通过喷嘴喷入,接着在管径增宽段形成涡流,使空气与麦汁充分混合,同时会形成压力损失(见图5.10)。

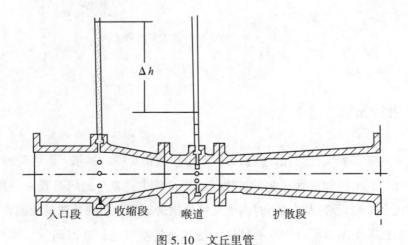

图5.10 文丘里管

(二)麦汁充氧的时机

应当在麦汁冷却后且酵母添加前进行充氧操作。

回收的酵母如果进行强烈通氧，酵母就会被重新活化，但这时没有可供发酵的物质，酵母便开始消耗自身贮藏的碳水化合物，这样酵母就会被削弱，发酵开始时也会缺乏储备，死亡酵母属就会导致酵母的状态变差，但是从回收酵母中除去二氧化碳则很重要。

（三）家酿中经常采用的充氧方式

空气泵+滤气瓶+气泡石，空气泵提供源源不断的空气气流，经过滤气瓶中的消毒液对空气进行洗涤，最后由气泡石产生许多细小的气泡进入麦汁中。滤气瓶一般都有气体流量计（一般为 L/min），这样我们就可以通过计算来确定需要充氧的时间，但是更多时候我们都是凭借经验进行（充氧 15~30 分钟）。

计算示例：假设打出麦汁 20L，计算总需要氧气量为 200mg。比如空气流量计显示 3L/min，表示每分钟通过 3L 的空气，氧气占空气比重的 20%，也就是每分钟通入氧气 0.6L。下面换算为质量，氧原子质量为 16g，氧气由两个氧原子组成，所以 1 分钟所通过的氧气质量为：$16 \times 2 \times 0.6 \div 22.4 \approx 857mg$。如果将麦汁冷却至 20℃，根据技术溶解系数可知，氧气溶解度为 30%。由上面计算出的每分钟通入氧气量为 857mg，乘以系数后可知每分钟溶解总氧量 ≈ 176mg。根据计算我们可知，技术上两分钟溶解的氧量已经可以达到要求，但是前面也提到通常需要几倍的量，最保险的就是十倍，也就是说需要充氧 20 分钟就可以保证麦汁中的氧含量了。

第五节　酵母接种

生产中为了避免细菌污染，应该尽快地投放酵母进行发酵，冷却后的醪液不应隔夜。

一、酵母添加要求

（一）添加温度

酵母的添加温度一般低于发酵温度 1.5~2℃，即冷却麦汁的温度应比发酵温度低。酵母添加发酵容器安置于有空气过滤和绝热的发酵室内，并维持需要的温度。

(二)添加量

根据酵母活性、麦汁浓度、发酵温度不同而异。为防止引起感染杂菌和发酵时间延长，添加酵母量应适当，一般以添加酵母后能使麦汁很快起发为度(麦汁添加酵母8~16小时后，液面上出现二氧化碳小气泡，逐渐形成白色的乳脂装的泡沫)。过量和过少均不适宜，添加量过少，启动慢，酵母增殖时间变长，容易引起杂菌感染和发酵时间延长；添加过量，则影响啤酒的口味(酵母味)，并引起酵母退化和自溶。在正常酵母活性情况下，一般酵母接种温度越低，麦芽汁浓度越高，接种量应适当添加；反之，则可减少添加量。

所谓酵母添加量，生产上是按泥装酵母对麦汁体积的多少而言，以百分数表示。酵母接种量一般为$(1.5~1.8)×10^7$个/mL麦汁，即约0.6~0.8L浓酵母泥/hL麦汁。为了保证麦汁顺利起发，接种酵母浓度不应低于$(0.8~1.0)×10^7$个/mL。根据传统生产方法和麦汁浓度的不同，酵母添加量可参考表5-7。

表5-7　　　　　　　　　　酵母添加量随麦汁浓度而变化

麦汁浓度(°P)	酵母泥添加量(%)
7~9	0.3~0.4
13~15	0.5~0.7
10~12	0.4~0.6
16~20	0.6~1.0

(三)添加酵母的技术要求

酵母外观色泽洁白、凝聚性好、无杂质及黏着现象；镜检细胞大小整齐、健壮、无杂菌污染；酵母细胞活性97%以上(0.1%美蓝染色，呈深蓝色细胞低于3%)；冰水低温(1~2℃)贮存时间不超过3天；使用代数不超过7代。

(四)供氧

冷麦汁添加酵母后，用充氧器充入无菌空气10~15分钟，使含氧量不小于6mg/L(8~10mg/L比较适宜)。在递加法和倍增法中，每次追加麦汁后，都要通入适量的空气，使酵母分布均匀，如此有助于酵母增殖。

二、酵母添加方法

传统的酵母添加方法，一般有以下几种。

(一) 干加法

在酵母接种器内，放入适量的冷却麦汁。再将洗涤保存的酵母泥上部清液倒掉，量出需要的酵母，加入接种器内，吹送无菌压缩空气，使麦汁与酵母混合均匀，然后用无菌压缩空气将酵母压入繁殖罐内麦汁中，使罐中麦汁与酵母混合均匀。国内啤酒厂多采用此法。

(二) 湿加法

在酵母接种器内，加入部分 10~15°P 的麦汁，再加入需要量的酵母，保持此温度 10~12 小时，待酵母出芽繁殖后，利用无菌压缩空气，将酵母压入酵母繁殖罐中，与冷却麦汁充分混合。一般来说，湿加法比干加法更有利于压缩发酵初期的酵母适应期，使酵母较快地进入对数生长期。

(三) 麦汁递加法

此法的特点是一开始发酵就有大量的酵母存在于麦汁中，可减少杂菌污染和有利于酵母起发，缩短了酵母的适应期，加快了发酵速度。需要注意的是，追加麦汁的温度应与发酵中嫩啤酒温度大致相同，否则酵母受冷刺激会导致发酵缓慢或完全终止。

具体操作方法是：从正处于高泡期的发酵罐中抽走部分嫩啤酒，泵入其他发酵罐中继续进行常规发酵；同时，把相同温度的冷却麦汁打入处于高泡期的发酵罐中，发酵罐中麦汁量保持恒定。未发酵的麦汁在处于高泡期的发酵罐中与已发酵的嫩啤酒进行混合，酵母增殖并持续保持在增殖阶段。这种方法常用于传统发酵工艺。

这种方法的关键是要对冷麦汁强烈通风，保证酵母增殖。通风量不足，会延长发酵时间。具体递加方法如下：

1. 二次递加法

将两罐需要的全量酵母一次性加入一个酵母繁殖罐内，加麦汁至罐满。约 12 小时后，分成两罐，然后分别追加麦汁再至灌满，再经过 20 小时左右，分别倒入主发酵罐进行发酵。

2. 多次递加法

以二次递加法类推。

3. 连续添加法

通风和酵母添加可在一个设备中进行。为了使酵母均匀分布在发酵罐中，酵母应该在整个麦汁流入过程中均匀添加。酵母添加量通过一个变频泵控制。生产中主要控制期望达到的酵母细胞数和空气量/cm³麦汁。

4. 倍增法

此方法常在培养和扩大第一代种酵母或生产现场种酵母供应不足时采用，方法如下：将全量酵母一次性加入酵母繁殖罐内，加麦汁至灌满，繁殖 20~24 小时后，分为两罐，然后各追加麦汁至满罐。

递加法和倍增法所追加的麦汁温度应等于或略高于原发酵液的温度，以防止抑制酵母活性。

三、酵母的回收

(一)酵母回收留用的条件

1. 留用酵母

通常其外观应洁白、凝集良好，显微镜检查无杂质，细胞大小整齐，形态正常，美蓝染色低于 5%，使用代数不超过 7 代。当残糖降到 3.6~3.8°P 时(这里应该指的是皮尔森类型的啤酒，还是要根据不同风格的啤酒来确定的)或第二次降温前排放的酵母泥活力最强。

2. 黑啤酒回收酵母

因其细胞组织中残留焦糖不能消失而滞留积累，再用以接种将影响发酵，故一般不留用。

若发酵出现不正常现象的回收酵母，有可能酵母感染了杂菌，一般也不考虑留用。

回收酵母的检验项目：酵母自溶正常 pH 值为 5.5~5.7，pH 值为 5.9~6.0 酵母将自溶。

微生物有短乳杆菌、足球菌、酵母群。死细胞数<7%。

发酵过程中注重浸出物、pH 值、啤酒气味、泡持性、啤酒味道、酵母回收时间等。

主发酵中期，10℃或12℃时，双乙酰还原完毕时（这里指的也是皮尔森类型的啤酒）；降温至5℃时；降温至0~1℃时。7天后的酵母不宜再回收，因酵母在酒液中存放的时间太长，活性会有所下降。

锥形罐发酵后期，沉积锥底的酵母泥通常受到0.19~0.24MPa的压力。为了保护酵母，应在压力条件下排放酵母泥。若在常压下排放酵母，往往会因为压力突然下降，使酵母细胞受到损伤甚至破裂，增加酵母死亡率。另外，由于骤然降压，酵母泥中二氧化碳大量溢出，会产生大量泡沫，常使洁白的酵母泥呈褐色。

3. 回收酵母的量

酵母回收总量与原麦汁浓度、麦汁通氧量和酵母的增殖能力有关，与酵母接种量并不成比例关系。原麦汁浓度越高，可同化氮含量越高，则越有利于酵母增殖；而含氧量越高，酵母的增殖能力越强，其回收量也越大。酵母接种量越高，在麦汁营养条件一定的情况下，增殖的新生酵母细胞越少，则酵母回收比率相对减少（见表5-8）。

表5-8 酵母添加量与酵母回收量的关系

酵母添加量/(L泥装酵母/hL麦汁)	酵母回收量/(L泥装酵母/hL麦汁)	回收比率
0.5	≈2.0	1:4
1.0	≈2.5	1:2.5
2.0	≈3.0	1:1.5

（二）酵母回收方法

1. 人工回收

沉降于发酵罐底部的酵母，可粗分为三层。

上层多为轻质酵母细胞，主要由落下的泡盖和最后沉降下来的酵母细胞组成，有混油蛋白质和酒花树脂的析出物以及其他杂质，故此层酵母多呈现灰褐色，不够纯净，分离后可作饲料或进行其他综合利用。

中层为核心酵母，是酵母旺盛时期沉淀下来的，由健壮、发酵力强的酵母细胞组成，其量占65%~70%，酵母很新鲜，发酵力强，夹杂物少，应单独取出留作下批种酵母用，颜色较浅。

下层为弱细胞和死细胞，由最初沉淀下来的颗粒组成，如酒花树脂、凝固物颗粒等，混有大量沉渣杂质，可作为饲料或弃之不用。

理论上可以按层回收，但实际上操作难度较大。实践中通常先排出底层酵母和沉积物，然后再排出中层优质酵母。

酵母回收的操作程序是：（1）在清洗干净后的酵母罐中接入存放酵母用的冷却麦汁；（2）对酵母回收管道进行清洗灭菌。（3）酵母罐用无菌压缩空气背压 0.1～0.15MPa；（4）清洗回收管道。

2. 离心机回收

利用酵母和发酵液的相对密度不同，可采用离心机分离酒液和酵母。离心机的形式有多种，分离啤酒的离心机多采用自开式盘式离心机。为了保持下酒时酒液中酵母浓度，采用此法。部分酒液不经离心，直接与其他离心后的酒液混合，使酵母浓度保持在 $(5～10)×10^6$ 个/mL 左右。离心后的酵母则泵于贮存罐内进行处理。此方法的特点是：操作方便，回收量大，无须低温沉降时间。但酒液的温度会升高，容易吸氧，酵母死亡率增大。

酵母回收操作：酵母对二氧化碳的积累很敏感，所以应及时回收酵母；通常新鲜酵母可使用 6 代，然后废弃；酵母应尽可能迅速地重新添加使用；洗涤和过筛会降低酵母活性，也带来了微生物感染的危险，应尽可能放弃酵母洗涤和过筛；若酵母仅保存 2～3 小时可以不冷却。在停产期间，酵母应在一定浓度的啤酒或 0℃麦汁中保存。

酵母回收的操作程序：

（1）将酵母贮存罐清洗干净，接入稀释酵母用的冷却麦汁（约酵母泥量的 10%～20%）；（2）对酵母回收管道进行清洗杀菌；（3）通过视镜观察，管道中前 2～5 分钟的酵母排入下水道，后打开进入阀使酵母进入酵母罐；（4）酵母罐用无菌空气备压 0.1～0.15MPa，在酵母进入时，通过压力调节阀使压力与发酵罐保持一致的恒压状态；（5）酵母回收完毕后，用水将管道中的酵母推入酵母罐；（6）清洗酵母回收管道。

（三）酵母的后处理和保存

1. 回收酵母的处理和贮存方法

近代的酵母回收，多直接回收在酵母回收罐内，罐的容量可容纳 2～3 批同代酵母。回收罐内附有搅拌器和冷却设施。酵母回收后，可洗涤或不经洗涤。

酵母回收结束后，应立即进行冷却，至温度 5℃停止，而后进行间接冷却，使温度降至 2℃。在酵母冷却的同时，进行大循环。在此温度下，酵母基本处于休眠状态，不再升温。为使酵母混合均匀，可每天进行一次大循环，每次 5~10 分钟。

在对回收酵母进行冷却的同时，应立即将酵母罐缓慢减压，并防止泡沫溢出。

2. 回收酵母的活化

回收后的酵母，只经过简单的处理，就可以再次用于接种，虽然操作实用方便，但用量不易准确掌握，且酵母在发酵过程中，所处环境为高压、厌氧、酒精含量高的一个环境，其性能受到抑制，所以酵母在回收后、进行接种前，有必要对其采取活性恢复的措施。

3. 酵母活化的技术要点

酵母回收后如果近几天要使用，应立即进行冷却，至温度 5℃停止。并应立即通风，在驱除二氧化碳的同时，促进酵母的新陈代谢。

如果酵母回收后不立即使用，应缓慢泄压，并在 2℃环境条件下贮存。否则，酵母性能会衰退。

回收酵母贮存后，应在接种前 4~8 小时关闭冷却，打开循环管路，使酵母循环 10 分钟，停止 50 分钟。酵母在大循环的同时，间歇通风，通风充氧 10 秒，停止 120 秒。这样能够使二氧化碳和酒精挥发，改善酵母的外部环境，使酵母性能逐步恢复，进入好氧状态，酵母接种后能马上进入繁殖状态。

回收酵母贮存后，如果要取用部分回收酵母，可在接种前 4 小时，将酵母大循环 30 分钟，停止 30 分钟，冷却继续进行，然后将所需部分酵母直接添加到麦汁中。酵母罐中剩余酵母不宜久留，最好在 15 小时内接种，否则酵母会发生自溶。

(四) 自酿啤酒的酵母回收

推荐采用酵母扩培方式来替代酵母的回收，因为自酿时条件差，酵母的状况也不够理想，再加上收集时的染菌问题、洗涤时的染菌问题、保存时的染菌问题，都将会使酵母败坏。再加上对于酵母数的估算不容易把握，下次使用时的计算就变得不够准确，以此类推制作出来的品质会越发不可控。

第六节　发　　酵

处理完的麦汁迅速进入发酵罐进行发酵，这期间要添加酵母。啤酒发酵的目的是通过啤酒酵母的生长繁殖和代谢作用将麦芽汁中的可发酵性糖转化为酒精和二氧化碳，并在发酵过程产生少量的高级醇、酯类、有机酸等啤酒风味物质，形成啤酒典型的色香味。

啤酒发酵过程是啤酒酵母在一定的条件下，利用麦芽汁中的可发酵性物质而进行的正常生命活动，其代谢的产物就是所要的产品——啤酒。由于酵母类型的不同，发酵的条件和产品要求、风味不同，发酵的方式也不相同。根据酵母发酵类型不同可把啤酒分成上面发酵啤酒和下面发酵啤酒。一般可以把啤酒发酵技术分为传统发酵技术和现代发酵技术。现代发酵主要有锥形发酵罐发酵、连续发酵和高浓稀释等方式，目前主要采用锥形发酵罐发酵。

啤酒最基本的分类就是按酿造工艺分成的艾尔(上发酵)和拉格(下发酵)两大类，两者的区别主要体现在发酵的温度和酵母工作的位置。艾尔啤酒酵母在发酵罐顶端工作，温度在 10~20℃，拉格啤酒酵母在发酵罐底部工作，温度在 10℃ 以下。有人用了一种比较形象的说法表示这两种发酵方式的不同：喝艾尔啤酒时先喝到酵母和辅料的味道，之后才能找到麦芽味，小麦啤酒、世涛、IPA 等属于艾尔啤酒。而喝拉格啤酒时则先会喝到麦芽的味道，再会有其他辅料味道，我们平常喝的雪花、百威、燕京等，精酿啤酒中拉格、皮尔森都属于拉格啤酒。

冷麦芽汁接种啤酒酵母后，发酵即开始进行。啤酒发酵是在啤酒酵母体内所含的一系列酶类的作用下，以麦芽汁所含的可发酵性营养物质为低物而进行的一系列生物化学反应。通过新陈代谢最终得到一定量的酵母菌体和乙醇、二氧化碳以及少量的代谢副产物如高级醇、酯类、连二酮类、醛类、酸类和含硫化合物等发酵产物。这些发酵产物影响啤酒的风味、泡沫性能、色泽、非生物稳定性等理化指标，并形成了啤酒的典型性。啤酒发酵分主发酵(旺盛发酵)和后熟两个阶段。在主发酵阶段，进行酵母的适当繁殖和大部分可发酵性糖的分解，同时形成主要的代谢产物乙醇和高级醇、醛类、双乙酰及其前驱物质等代谢副产物。后熟阶段主要进行双乙酰的还原使酒成熟，完全残糖的继续发酵和二氧化碳的饱和，使啤酒口味清爽，并促进了啤酒的澄清。

一、啤酒发酵操作过程

(1)在麦芽汁冷却之前用 90℃ 以上的热水对发酵罐和管路进行灭菌。

(2)麦芽汁冷却期间，打开发酵罐排气阀门。

(3)冷却麦芽汁进罐时按要求及时添加酵母。麦芽汁进罐完毕后 1 小时，取样测定酵母数量,满罐一天开始,每天测量一次酵母数量。

(4)麦芽汁满罐 1 小时后,取样测量一次糖度,麦芽汁进罐一天开始,每天上午、下午各测量一次糖度。开始升压时停止测量糖度。

(5)发酵前期温度不超过规定接种温度(如 8℃),主发酵温度控制在规定温度如 10~14℃,当残糖降到规定糖度时封罐缓慢升压并保持罐压为 0.12MPa 左右。发酵旺盛期间注意每天及时降温,避免温度过高。

(6)发酵 10 天后开始取样测定双乙酰含量,当双乙酰含量达到工艺要求时,逐步降温至 0℃(啤酒冰点以上 0.05℃)低温保存。

(7)酸度测定为满罐 1 小时后测定一次,温度升至发酵最高温度时测定一次,温度降至 0℃时再测定一次。

(8)麦芽汁满罐 1 天后每隔 24 小时排冷凝固一次,共排三次。

二、主要技术条件

(一)发酵周期

由产品类型、质量要求、酵母性能、接种量、发酵温度、季节等确定,一般需要 12~24 天。通常,夏季普遍啤酒发酵周期较短,优质啤酒发酵周期较长,淡季发酵周期适当延长。

(二)发酵最高温度和双乙酰还原温度

一般啤酒发酵可分为三种类型:低温发酵、中温发酵和高温发酵。低温发酵:旺盛发酵温度 8℃左右;中温发酵:旺盛发酵温度 10~12℃;高温发酵:旺盛发酵温度 15~18℃。国内一般发酵温度为 9~12℃。双乙酰还原温度是指旺盛发酵结束后啤酒后熟阶段(主要是消除双乙酰)的温度,一般双乙酰还原温度等于或高于发酵温度,这样既能保证啤酒质量又利于缩短发酵周期。发酵温度提高,发酵周期缩短,但代谢副产物量增加将影响啤酒风味且容易染菌;双乙酰还原温度升高,啤酒后熟时间缩短,但容易染菌又不利于酵母沉淀和啤酒澄清。温度降低,发酵周期延长。

(三)罐压

根据产品类型、麦芽汁浓度、发酵温度和酵母菌种等不同确定。一般发酵时最高罐压控制在 0.07~0.08MPa。采用带压发酵，可以控制酵母的增殖，减少由于升温造成的代谢副产物过多的现象，防止产生过量的高级醇、酯类，同时有利于双乙酰的还原，并可以保证酒中二氧化碳的含量。

(四)满罐时间

从第一批麦芽汁进罐到最后一批麦芽汁进罐所需时间称为满罐时间。满罐时间长，酵母增殖量大，产生代谢副产物 α-乙酰酸乳量多，双乙酰峰值高，一般在 12~24 小时，最好在 20 小时以内。

(五)发酵度

发酵度可分为低发酵度、中发酵度、高发酵度和超高发酵度。对于淡色啤酒发酵度的划分为：低发酵度啤酒，其真正发酵度为 48%~56%；中发酵度啤酒，其真正发酵度为 59%~63%；高发酵度啤酒，其真正发酵度为 65% 以上；超高发酵度啤酒(干啤酒)，其真正发酵度为 75% 以上。目前国内比较流行发酵度较高的淡爽性啤酒。

三、啤酒发酵过程的控制

在主发酵期间，技术控制的重点是温度、浓度和时间，三者互相制约，又是相辅相成的。发酵温度低，浓度下降就慢，发酵时间长；反之，发酵温度高，浓度下降快，发酵时间短。三者控制的依据与产品的种类、酵母菌种、麦汁成分有关系，控制的目的就是要在最短的时间内达到要求的发酵度和代谢产物。

(一)温度的控制

啤酒发酵是采用变温发酵，发酵温度是指主发酵阶段的最高温度。由于传统原因，啤酒发酵温度一般低于啤酒酵母最适生长温度($25~28℃$)。上面发酵啤酒的接种温度一般控制在 $18~20℃$，下面发酵啤酒的接种温度一般控制在 $8~10℃$。

采用低温发酵工艺的主发酵起始温度为 $5~7℃$，一般为 $6.5~7℃$。发酵最高温度因菌种不同和麦汁成分不同而不同，一般在 $8~10℃$。温度偏低，有利于降低发酵副产物的生成量，α-乙酰乳酸的形成量减少，双乙酰、高级醇、乙醛、H_2S 和二甲基硫的生成量也减少，啤酒口味清爽，泡沫性能好，适合生产淡色啤酒。

　　发酵终了温度一般控制在 5℃。降低温度使酵母凝集沉淀，酒液中只保留一定浓度的酵母量，便于后发酵和双乙酰还原；继续降低温度至 0 ~ -0.5℃，便于低温贮藏，以利于酒的澄清和二氧化碳饱和，否则将延长贮酒期。

(二) 浓度的控制

　　在一定的酵母菌种和麦汁成分条件下，浓度的控制靠调节发酵温度和发酵时间。如果发酵旺盛，耗糖快，则需适当降低发酵最高温度和缩短最高温度的保持时间；反之，则需延长最高温度保持时间或采取缓慢降温的办法，以促进耗糖。

(三) 时间的控制

　　在一定麦汁成分、酵母活性和一定的发酵度要求下，发酵时间主要取决于发酵温度。发酵温度高，则发酵时间短，反之亦然。

　　下面发酵的主发酵时间一般控制在 7 ~ 10 天。低温缓慢发酵的酒，风味柔和醇厚，泡沫细腻持久，但设备利用率低。上面发酵的主发酵时间一般控制在 5 ~ 8 天，酵母的发酵速度较快，发酵时间短，香味突出，设备的利用率高。

　　低温长时间的主发酵可使发酵液均衡发酵，pH 值下降缓慢，酒花树脂与蛋白质微量析出而使啤酒醇和，香味好，泡沫细腻持久。10 ~ 12°P 啤酒一般主发酵时间为 6 ~ 8 天。

第六章
精酿啤酒的澄清与稳定性处理

第一节 过 滤

成熟啤酒中不可避免地含有一些酵母菌体以及微量的蛋白质、酒花树脂的悬浮颗粒，它们的存在不仅影响产品外观(浊度等)，而且影响到成品啤酒的生物稳定性和非生物稳定性(胶体稳定性)。因此，为了保证啤酒的品质，除了发酵后啤酒须在低温下储藏一段时间外，在装瓶前还必须进行净化，以达到胶体稳定和微生物稳定。啤酒净化一般用过滤的方法，常用的过滤方法有硅藻土过滤、纸板过滤和膜分离等。

一、过滤目的和过滤原理

(一)过滤目的

啤酒过滤的目的主要有以下三点：

(1)除去酒中的悬浮物，改善啤酒外观，使啤酒澄清透明，富有光泽；

(2)除去或减少使啤酒出现浑浊沉淀的物质，如多酚物质和蛋白质等，提高啤酒的胶体稳定性；

（3）除去酵母或细菌等微生物，提高啤酒的生物稳定性。

（二）过滤原理

啤酒过滤澄清原理主要是通过过滤介质的阻挡作用（又称截留作用）、深度效应和静电吸附作用等使啤酒中存在的微生物、冷凝固物等大颗粒固形物被分离出来，而使啤酒澄清透亮。

阻挡作用是指啤酒中比过滤介质空隙大的颗粒，不能通过过滤介质空隙而被截留下来，硬性颗粒将附着在过滤介质表面形成粗滤层，而软质颗粒会黏附在过滤介质空隙中甚至使空隙堵塞，降低过滤效能，增大过滤压差。

二、过滤方法

（一）预澄清

啤酒中酵母菌浓度极不稳定，硅藻土过滤所允许的最大浓度为 $(5 \sim 6) \times 10^6 / mL$ 个酵母，若以质量浓度表示，接近于 $1g/L$。如果浓度过高，过滤前应先进行预澄清；否则将增加硅藻土过滤机的工作负荷，降低硅藻土的过滤能力，使硅藻土消耗量加大。

目前一般使用离心机进行预澄清，以降低酵母菌浓度至允许过滤范围。从离心机流出的新啤酒流入冷却器中冷却，使其温度降至最佳温度 $1 \sim 4$℃。但离心机预澄清存在如下问题：

（1）由于高速转动与空气摩擦，使已经降温的啤酒升温，二氧化碳外泄引起的泡沫使下一步过滤变得困难；

（2）在澄清过程中啤酒中会混入一定量的氧气，从而影响啤酒品质；

（3）离心机高速运转时噪音大，维护费用高。

目前国外已有人研究使用水力旋流器对啤酒进行预澄清。与离心机相比，其最大的缺点是啤酒损失大，能否投入使用还有待研究。

（二）硅藻土过滤

啤酒过滤操作的目的是要除去残留的酵母、胶质沉淀以及存在的任何细菌。酵母

菌的直径为 $2\sim7\mu m$，平均密度为 $1.074g/cm^3$，滤床比阻为 $1013\sim1014m/kg$，可压缩性系数大于 1，是一种较难过滤的物料。同时蛋白质与多酚反应会产生复杂的胶体沉积物，另外还有重金属、糊精和 β-葡萄糖，这些使过滤变得较为困难，在过滤中必须使用助滤剂。

目前采用的助滤剂大部分为硅藻土或硅藻土与石英砂的混合颗粒。采用现代技术精心操作的硅藻土过滤可得到清亮的啤酒，浊度低于 0.6EBC。微生物含量极低（酵母细胞一般低于 5 个/100mL）。

使用硅藻土为助滤剂的过滤设备统称为硅藻土过滤机，其中包括预涂式板框过滤机、预涂烛式过滤机、预涂式叶片过滤机。硅藻土过滤的操作特点是：先进行预涂硅藻土，形成预涂层；在过滤时不断添加硅藻土起到连续更换滤层的作用，保证过滤的快速进行。J. Hermia 对烛式过滤机和水平叶片过滤机研究得出结论：在给定筒体容积的情况下，烛式过滤机所需压力较小，而水平叶式过滤机则具有较大的过滤面积。比较两种机型每周的产量，当使用细长型过滤芯片时，烛式过滤机效率较高。

硅藻土过滤法的优点为：不断更新滤床；过滤速度快，产量大；表面积大，吸附能力强，能过滤 $0.1\sim1.0\mu m$ 以下的微粒；降低酒损 1.4% 左右，改善生产操作条件。但在 2000 年，王树庆指出硅藻土过滤存在一个不容忽视的工艺死角，硅藻土中含有亚铁离子，由于啤酒为酸性液体，当啤酒经硅藻土过滤时，硅藻土中的亚铁离子不可避免地溶入啤酒中，亚铁离子可以催化啤酒中的氧气迅速成为过氧化氢，引起啤酒中某些物质发生氧化还原反应而造成啤酒品质的恶化，所以在啤酒的生产中应使用经过除铁处理的硅藻土作为助滤剂。

(三)珍珠岩过滤

珍珠岩是由火山作用形成的，是致密的玻璃状岩石。珍珠岩助滤剂是采用精选的珍珠岩矿石，经粉碎、筛分、烘干，急剧加热膨胀成多孔玻璃质白色颗粒后，进行研磨净化、分级和检测而制成的白色细粉状产品。由于其松散且密度小，过滤速度快和澄清度好，是一种新型的助滤材料。目前，大部分啤酒厂采用硅藻土作为助滤剂，硅藻土是一种非再生的矿物且矿藏量有限，使用过的硅藻土回收利用率低。寻找新型的助滤材料成为众多研究者的课题。1997 年，李好铭等人对珍珠岩过滤技术与硅藻土过滤技术进行比较，发现应用珍珠岩过滤啤酒效率高，质量好，啤酒色度比采用硅藻土过滤要降低 $1\sim1.5EBC$；操作便易，整个滤酒系统与硅藻土完全相同，节省成本。

（四）PVPP 过滤

罐装的澄清透明啤酒的商业性贮存中，由于蛋白质与多酚反应可能产生胶体浑浊物，使啤酒失去原来的光泽，非生物稳定性下降，逐渐形成沉淀。啤酒中的蛋白质浓度可通过在贮藏罐中添加单宁来降低，但加入量小和量多都会对啤酒的品质造成一定的不良影响。以往国内曾经在糖化过程中添加甲醛来提高非生物稳定性，但甲醛对人的机体有一定的损害，自从爆出甲醛事件以来，国内的大中型啤酒厂广泛采用了聚乙烯吡咯烷酮聚合物（PVPP）过滤技术来降低啤酒中的鞣质，以提高啤酒的非生物稳定性。PVPP 是一种通过附加的分子链使其稳定的具有三维网状结构的有机化合物。PVPP 是一种粉末物质，在常见溶液中不溶解，在水中仅仅膨胀。PVPP 可以有选择性地除去所有的鞣质，去除过程基于与啤酒中酚上的羟基和酰胺基形成氢键以吸附多酚物质。在工业上常采用具有回收方式的 PVPP 啤酒过滤设备，这种设备大多由一个带加料罐和泵的预涂式叶片过滤机组成。根据 D. Oechsle 和 B. Fuss-negger 的实验，PVPP 的吸附能力在 4~5 分钟内可达到饱和状态的 80%～90%。一般情况下，啤酒使用 100~300mg/kg 的 PVPP，对花色苷吸附率达 82%～92%，儿茶酸吸附率达 63%～88%。饱和后的 PVPP 可在碱性溶液中再生，再生后可重新使用，过滤效果与新的 PVPP 差别不大。

（五）膜过滤

经硅藻土过滤后的啤酒能除去绝大部分的酵母和微小物质，从外观上看已达到清亮透明，但还带有微量的酵母和细菌杂质，因此过滤后还需在装瓶之后进行杀菌。隧道式巴氏杀菌和瞬间杀菌是常用的保证啤酒生物稳定性的一种有效办法，但在热处理时会导致啤酒成分的变化，产生杀菌味，导致啤酒出现老化味，使啤酒的风味变差。

目前，大型啤酒厂在硅藻土过滤后加多了一道膜过滤工序，实现了啤酒的"冷消毒"，膜过滤技术包括渗透过滤和微孔过滤，它们都是以压差为推动进行液相分子级分离的，目前大多数采用微孔薄膜过滤法进行啤酒过滤，一般使用 1.2nm 孔径，寿命为 $20\times10^3/h$～$22\times10^3/h$，生产能力为 5×10^5L～6×10^5L 的膜，如果使用 0.8nm 孔径滤膜可以生产出具有很好的生物稳定性的啤酒。微孔滤膜过滤机外形似钟形罩，内部是薄膜支撑架和薄膜。市面上销售的纯生啤酒就是经过膜过滤而不经巴氏灭菌的产品，其具有风味纯正、清爽、泡沫持久等特点。但膜过滤的成本较高且膜再生较困难。有报道说，采用化学氧化的再生方法可使膜的再生出现令人满意的结果。

(六)错流过滤

错流过滤是膜过滤的一种，其具有自身独特性能，是近期啤酒厂技术革新的一个方向。错流过滤技术使啤酒过滤不再依靠助滤剂，可以使啤酒一次过滤完成，不必再从酵母中回收啤酒，而且可以使滤过的啤酒达到无菌状态，不需巴氏灭菌。

传统的过滤技术是静态的，在过滤过程中，由于滤液中的固形物不断沉积，滤层越来越厚，过滤压差越来越大，以致最后压差增大至无法过滤。错流过滤是动态的，滤液以切线方向流经滤膜，未滤液和已滤液的流向是垂直的。由于未滤液高流速形成湍流的摩擦力，可以将附在滤膜上的少量沉积物带走，不致堵塞滤孔，不让压差增加。此未滤液不断回流，固形物浓度不断增大，最后达到固液分离。由于靠近器壁的流体的拖拉作用，流速减慢，在实践中仍会有薄的沉积物形成在滤膜的表面上，此与过滤物质的黏度和错流速度有关，利用定时逆流反冲，可以解决此问题而不至于堵塞滤孔。

错流膜过滤的优越性是：从废酵母中回收啤酒的质量较压榨法或离心法高，可不经处理，直接掺兑正常啤酒；啤酒损失明显降低，经济效益显著；排污量降低，减少工厂污水处理费用；可取代硅藻土，减少对环境的污染；自动化程度高，操作方便可靠。由此可以预见，错流膜过滤技术将是过滤技术的发展趋势。

(七)其他过滤

深床式无菌过滤系统是德国汉特曼(Handtman)公司研制开发的过滤系统，由过滤机和过滤垫两部分组成，过滤系统的核心是由纤维素和硅藻土制成，过滤垫可以重复清洗，再生，使用期长。锥形过滤垫和元件使二氧化碳可完全通过，同时降低氧的吸收，啤酒的风味、色泽、泡沫均得到保证。

RBF 液体袋式过滤器是一种封闭式的过滤系统，分为单袋式、双袋式和多袋式多种形式，工作原理是利用压力过滤，过滤袋的材料主要是聚丙烯，此过滤系统的应用优势主要是：过滤效率高、系统通用、过滤袋成本低等。

第二节　啤酒的稳定性处理

一、非生物稳定性处理

作为啤酒本身来说，它是一种成分复杂、稳定性不强的胶体溶液，它含有很多颗粒直径大于 1 的大分子物质，如糊精，—葡聚糖、蛋白质及它的分解产物多肽、多酚、酒花树脂，还有少量的酵母等微生物。这些胶体物质在氧气、光线照射和振动及保存时会发生一系列变化——化合、凝聚等使胶体溶液受到破坏，形成混浊乃至沉淀。可以这样说，啤酒澄清透明是暂时的，混浊沉淀是永恒的。同时造成啤酒不稳定的这些物质又是啤酒的口味物质，所以也不宜将这些物质除尽，这就要求我们根据啤酒的浓度、品种、酿造条件、原辅材料的质量情况来保持这些物质量上的动态平衡，既要保证啤酒口味良好，又要在时间要求上保证啤酒在保质期内清亮透明。

啤酒非生物稳定性是由在啤酒中细微分布的胶体物质产生的，这种胶体物质是通过扩散形成溶液的中间阶段，在这种扩散剂中，沉淀的趋势首先与分子的缔合度有关，缔合度又与分子的电荷状态及分子的溶合度有关。在这些环节中，一旦某一或某些环节破坏，就容易出现沉淀混浊，非生物稳定性就遭到破坏，这种啤酒非生物的不稳定性也称为啤酒混浊。啤酒混浊可以根据混浊微粒的可视性分为不可见性混浊和可见性混浊。不可见性混浊是指啤酒失光呈雾状，但不能将其中的混浊微粒用肉眼分辨出来，称为假混浊。假混浊主要是由小的微粒引起入射光线在度方向上的强烈色散。这些成分主要是由逆。—葡聚糖，主要来自大麦胚乳中淀粉的不可分解部分，可见性混浊微粒可被肉眼直接判别。啤酒的非生物稳定性特别是贮藏啤酒在运输条件不好时，消费者很容易直接察觉到过滤的啤酒是否趋于混浊，这个也是评价啤酒质量的一个重要因素。混浊是明显的质量问题，影响啤酒非生物稳定性的因素很多。

(一)非生物混浊形成机理及成分

啤酒非生物稳定性高低主要是看是否形成混浊物。按照欧洲酿造协会混浊小组对冷混浊和永久混浊作如下定义：啤酒在 0℃ 形成的混浊物，当温度又回到 25℃ 时，此混浊物重新消失，称冷混浊或可逆混浊。如果在 25℃ 及以上仍不消失，称为永久混浊。冷混浊是由啤酒中两种物质的反应形成的蛋白质多肽和单宁多酚，此反应在啤酒储存和高温会更快发生，但冷混浊只有在啤酒冷冻时才肉眼可见。

混浊的主要成分如下：(1)蛋白质及其高肽部分包括酵母自溶后蛋白质类物质；(2)多酚单宁部分；(3)碳水化合物；(4)无机物主要是草酸钙；(5)葡聚糖；(6)糊精类物质；(7)金属离子，如铁离子。

第一、第二部分是啤酒混浊的主要组成部分，在啤酒胶体溶液中，各种成分的亲和性不同。这种亲和性表现为形成聚合胶体的趋势，当超过溶解界限时，聚合胶体就会析出，可能会产生混浊。

(二)非生物混浊形成过程

根据啤酒胶体溶液的性质，分子可以广义地划分为亲水分子和憎水分子。亲水分子容易在水中溶解而憎水分子不能。在水中，憎水分子会聚集形成球形小滴，称为"胶粒"，使自身暴露在水中的表面积最小。这些粒子在水中产生的悬浮液被称为"胶体"，胶体的存在可以使溶液出现混浊，这种自我转变称为"非生物胶体稳定性"，就是指溶液没有混浊或有形成混浊趋向的状态。这种趋向可以被乙醇抵消。因此，高乙醇含量的啤酒比低含量的啤酒趋向于较好的胶体稳定性。

产生混浊的类型主要与这些化合物的物理特性有关，少部分化合物最初形成具有可逆的沉淀，这种物质只在低温下才形成沉淀，称其为冷混浊。随着多酚氧化、聚合作用的发生，混浊体之间形成永久的共价键，这些化合物的形成不受温度的影响的沉淀，这就产生永久沉淀。

在蛋白质的水溶液中含有大量的亲水性基团，在水溶液中这些基团吸附大量的水分子，在蛋白质表面形成一层密度较厚的水膜，而水膜的存在使蛋白质颗粒相互分开，不容易因相互碰撞而形成大颗粒，因此蛋白质水溶液是比较稳定的亲水性胶体。另外，在非等电点状态下蛋白质表面所带的电荷是相同的，相互电荷之间的排斥作用使蛋白质胶体溶液稳定。但是在含有酒精的啤酒溶液中往往在震动、温度、光线等的作用下，破坏了蛋白质的水膜而使蛋白质的疏水作用增大，这种增大的蛋白质极易和多酚物质形成可逆的复合物，但随着时间的延长和复合物分子量的增大，这种复合物就渐渐地形成不可逆混浊。

(三)目前控制啤酒非生物稳定性的主要方法

造成啤酒非生物稳定性差的主要原因是敏感蛋白质和敏感多酚，蛋白质往往是亲水部分，憎水往往是多酚。刚开始时，蛋白质和多酚之间结合力较弱，形成的复合物很容易断裂为两部分，这些机制可以解释冷混浊，这些可逆的混浊继续发展成为永久性混浊，蛋白质-单宁复合物不能再断裂，这个过程被认为参与了氧化作用，最后形成永久混浊。当然一些葡聚糖、金属离子、氧化物质、外界因素光照、振荡等都可能造成啤酒非生物稳定性差，因此，现在的控制方法主要是做好过程控制，具体见表6-1。

表 6-1 啤酒非生物稳定性的过程控制

应用领域	减少多酚含量	减少蛋白质含量	最佳操作
大麦/麦芽	使用不含花色素或含量低的原大麦	使用蛋白质含量低的原大麦	合理的麦芽溶解度
糖化	提高辅料添加比例	提高辅料添加比例	高温快速糖化
麦汁过滤分离	滤出的麦汁浓度高，pH值低	滤后的麦汁清亮，不能含有微细颗粒	合理控制滤速、酒液清亮度、pH值
麦汁煮沸	避免麦汁和冷却残留物再循环	合理的麦汁沸腾状况	煮沸时间和煮沸强度
麦汁澄清	酒花添加时间，热凝固物分离	加澄清剂，分离热凝固物	回旋沉淀的效果
发酵	冷凝固物分离	冷凝固物分离	及时排冷凝固物
后酵	减少搅拌	沉淀，辅助澄清剂	冷储时间和温度
过滤	添加稳定剂	添加酶制剂	低温过滤，氧和金属离子的进入减少
稳定作用	使用 PVPP	使用硅胶、单宁酸、酶	添加方式、作用时间、作用温度

二、生物稳定性处理

啤酒作为纯粹培养物——酵母的发酵产物，保持其口味纯正清爽是最为重要的。在啤酒的生产过程中，许多环节都可能有有害菌污染进入啤酒，它们的污染繁殖由于产生了与正常培养酵母发酵所不同的代谢产物影响啤酒的风味和稳定性，严重影响了产品质量。所以如何控制有害菌的污染，保证啤酒的生物稳定性对啤酒厂来说是一个必须高度重视的环节。

(一)啤酒中有害菌与啤酒质量的关系

啤酒生产中的有害微生物是由空气、原料、水、酵母、设备、管路及工作人员带来的。啤酒有害微生物的存在能使啤酒风味及稳定性劣化，啤酒中常见的污染菌有霉菌、细菌(乳酸菌、足球菌、醋酸菌)、野生酵母等。

1. 霉菌

霉菌是需氧菌，不能在啤酒中生长，但能在原料、容器、包装材料上生成菌落，产生霉味，直接传到啤酒中，影响啤酒质量；另外大麦、麦芽污染的霉菌对啤酒影响最常见的情况是引起啤酒喷涌。

2. 乳酸菌

乳酸菌是革兰氏阳性、厌氧微好氧菌，在啤酒后酵阶段以及包装后的成品啤酒中存在会使啤酒变酸、混浊，产生双乙酰味。如果发酵液中乳酸量超过 400×10^{-6}，可以肯定发酵液污染了乳酸菌。

3. 足球菌(四联球菌)

足球菌是革兰氏阳性、厌氧微好氧菌，是啤酒中危害最大的细菌，能使啤酒变酸、混浊、变味(双乙酰)。如果发酵液在贮酒阶段双乙酰迅速增加，说明发酵液污染了足球菌。

4. 醋酸菌

醋酸菌是革兰氏阴性、好氧菌，在下酒时或酒液上部存在空气时繁殖较快，如果发酵液中醋酸量超过 100×10^{-6}，说明发酵液前期污染了醋酸菌。

5. 野生酵母

野生酵母的主要污染源是种酵母，尽管接种时污染率很低，但在发酵完毕，回收酵母中，野生酵母的污染率就大，野生酵母能使啤酒混浊，产生异样香气，且其死灭温度比培养酵母高。

(二)啤酒有害菌的防治

啤酒有害菌的防治主要分两部分，一部分是酒液包装前所有生产环节的清洗、杀菌；另一部分是啤酒包装后的杀菌，即巴氏杀菌。

(1)做好生产环节清洗、监督、检查工作。由于各厂的生产环境、设备状况不一致，各厂应根据自己厂的情况制定出各生产环节的清洗、杀菌制度，并严格遵照执行，认真地进行微生物监督检查工作，使啤酒真正达到纯粹酵母的发酵。

(2)做好半成品的微生物检验工作。应及时准确地进行半成品的微生物检验工作，以便更好控制和把握产品质量。

啤酒巴氏杀菌的目的是杀灭菌内可能存在的生物污染，从而保证啤酒的生物稳定性，有利于啤酒长效果的因素有三方面，即喷淋水温度、喷淋效果、杀菌时间。生产上杀菌单位控制在 20~25pu 值。

三、口味稳定性处理

在啤酒的内在稳定性中，口味稳定性是一项最重要的质量指标，也是最难获得满分的指标。故有人称酿造师为技术大师，更是艺术大师。

啤酒口味稳定性好有两层意思：（1）同一品牌的啤酒应具有同样的独特风格，应尽可能缩小批次与批次之间、罐与罐之间口感的差别；（2）同一批次啤酒在其保质期内应保持一致风格，口感随时间推移而产生的变化尽可能小。

（一）影响因素

1. 大麦品种

不同大麦品种原花色精含量不同。中、低分子多酚物质具有影响啤酒口味和口味稳定性的性质，它会使口味强烈并有粗糙感，但口味稳定性较好。因为中、低分子多酚物质有截获氧的功能。有的大麦品种由于 a-淀粉酶较少，麦汁中不可发酵的糊精增多，又由于缺乏多酚物质，蛋白质沉淀能力差，蛋白质分解强烈，酵母不能利用的含氮化合物增多，导致最终发酵度低，又由于缺乏多酚物质造成氧缓冲作用小，故口味稳定性差。

2. 制麦过程

（1）发芽时，通氧量约占大麦 2%~3%的原脂肪由三甘油酯组成，发芽时通过脂肪酶分解成脂肪酸，其中主要是亚油酸和亚油烯酸，这些游离脂肪酸通过氧化酶继续分解，亚油酸和亚油烯酸在氧的参与下转化为相应的过氧化物后，继续分解成挥发性醛·烯酸和 y-内酯，从而使啤酒呈现老化味。所以发芽时从第 3 天起就应通过二氧化碳的富集和二氧化碳休止来降低氧含量，并使麦芽的细胞溶解不过度。发芽时内酯质代谢由于氧气的减少被激活，表现为原脂肪含量高及脂肪氧化酶和氧化氢酶的活力高，从而对啤酒口味和口味稳定性有积极作用。

（2）麦芽干燥。

麦芽干燥时在凋萎阶段酶的分解过程仍在继续，如同脂肪酸的酶分解一样会形成引起老化的香味物质反-2-壬烯醛等。同时，凋萎时，在上层麦芽中继续进行的蛋白质分解会导致氨基酸含量升高，与还原糖一起作为反应物，在焙焦期间，通过美拉德反应，斯特雷克尔分解、糖的焦化及脂肪酸的热氧化分解，产生许多挥发性化合物。这些化合物及其前驱体在啤酒生产过程中发生变化，对啤酒的香味及口味稳定性有利。此外，干燥时形成的亲氧物质和抗氧化物质对灌装后啤酒储存时的变化有间接影响。使用不同焙焦程度麦芽所生产的啤酒，在新鲜状态时它们的老化成分含量没有明显区别，因为碳酰在发酵过程中会在酵母体内酶系作用下还原成相应的醇和脂，而在老化过程中，老化物质含量受焙焦温度的影响会上升，从而使口味稳定性变差。

3. 糖化过程

（1）麦芽粉碎。

麦芽的麦皮中含有多酚物质，多酚物质具有还原性，可以保护糖化乃至啤酒内含物质不易被氧化。

（2）投料温度。

投料温度及由此确定的糖化强度对啤酒的性质（含口味稳定性）有显著影响。麦芽质量好时应采用高温投料工艺。

（3）醪液 pH 值。

通过酸化降低醪液 pH 值可减弱氧化过程，活化大多数淀粉分解酶、细胞分解酶和蛋白分解酶，同时抑制脂肪氧化酶的作用。随着酸化的加强，麦汁和啤酒的还原能力增强，主要是由于还原物质增多了。

（4）糖化时氧的影响。

糖化过程中氧的存在会促使产生脂肪酸和多酚氧化，从而还原物质减少，还原能力减弱，老化物质含量增多，使口味稳定性降低。

4. 回旋沉淀槽中的热保持时间

回旋沉淀槽中的热保持时间长不仅会导致因煮沸时 DMS 前驱体分解不足引起的较高 DMS 含量，且会导致香味物质和产生老化口味物质的前驱体含量提高，从而引起啤酒口味稳定性变差。在回旋沉淀槽仍具备热反应条件，如美拉德反应、斯特雷克尔分解和糖的焦化，这些反应中形成引起老化的化合物。热保持时间缩短，老化物质含量将随之降低，从而改善口味稳定性。

5. 酵母质量的影响

酵母的质量对啤酒质量有着至关重要的影响，要尽可能使酵母具有最佳发酵能力，且尽可能少死酵母。在实际生产中可通过同化工艺获取同化酵母。

6. 工艺卫生的影响

啤酒酿造底物含细菌生长所需的丰富养分，产生了细菌，依据其菌群不同，将产生不同的风味影响（见表 6-2）。

表 6-2　　　　　　　　主要细菌代谢产物及其对啤酒口味的影响

细菌种类		主要微生物代谢产物	污染后啤酒的风味
乳杆菌		乳酸，双乙酰，乙酸	乳酸味，馊饭味，奶酪味
足球菌		乳酸，双乙酰	乳酸味，馊饭味，奶酪味
醋杆菌		醋酸	醋酸味，乙醛味，生草味
发酵单胞菌		乙醇，硫化氢，乙醛，微量 DMS	烂苹果，水果味
肠杆菌	O. Proteus	乙醇，乳酸	荷兰防风草味
	Enterobacter	双乙酰，DMS	烂苹果味
	Citrobacter	乳酸，丙酮酸，琥珀酸	酸味
	Klebsiella	4-乙基邻氧苯酚有机硫化物	酚味

7. 滤酒至灌装过程溶解氧的影响

在可能产生老化口味物质的反应中，氧化反应最为主要。从过滤至灌装整个过程如果不尽可能降低吸氧量，则之前所有为了改善口味稳定性而采取的从原料、制麦、麦汁制备、发酵到酵母处理的一切工艺措施都是徒劳。

（二）影响口味稳定性的化学反应

1. 脂肪酸的自氧化

脂肪酸以类脂形式由麦芽带入酿造过程并在糖化时通过脂肪酶的作用游离出来，可通过麦汁过滤清亮及分离热凝固物彻底降低其含量。但残留在啤酒中的少量不饱和脂肪酸及发酵过程生成的乙醛仍会影响口味稳定性。不饱和脂肪酸氧化迅速，可看作老化味的前驱物质之一。

2. 脂肪酸的光氧化

在对颜色敏感的光氧化过程中，活泼的单氧在未经催化和不受温度影响的情况下与脂肪酸双键形成过氧化物或直接生成醛。

该反应仅取决于能够参与反应的氧含量及见光活泼的感光剂如核黄素（维生素残）、叶绿素、外琳衍生物或其他色素。与单氧的反应速度比与三联氧的反应快得多；亚油酸的光氧化作用过宙生成反-2-壬烯醛，且其速度比相应的自氧化过程快 1500

倍;大量事实证明光照可明显加快啤酒中老化碳酚的形成,所以啤酒避光储存十分重要。

3. 脂肪酸的酶解

亚油酸和亚麻酸在大麦异构酶与空气中氧的作用下转变为过氧化物,在过氧化氢异构酶的作用下形成经基脂肪酸,它们在不同生产阶段形成碳酰化合物从而被离解,如发生在发酵结束后,经酸离解产生的碳酰化合物会保留在啤酒中,给啤酒口味带来损害。只不过这种可能性较小,因为啤酒中经酸在较高温度下仍具有较高的稳定性。

4. 高级醇的氧化

该氧化过程以类黑素为氧化剂,醇轻基中氢原子被转移至类黑素的碳基上,生成相应的醛。反应过程中氧分子未直接参与反应,但氧可以加快反应速度,而异律草酮和多酚可以抑制这一反应的进行。

5. 异蓬草酮的氧化分解和见光分解

啤酒老化会使苦味值和啤酒苦味感官印象下降,巴氏杀菌时 PU 值太高及高温储藏啤酒均会使苦味值和啤酒口感质量明显下降。Hashimoto 和 Kuoriwa 证明了异律草酮氧化分解过程的存在,类黑素作为抗氧化剂,而成品啤酒的氧含量直接影响异律草酮的分解,异律草酮氧化在麦汁煮沸时就已存在,甚至在陈酒花中就含有大量碳酰物质。但由麦汁煮沸产生及陈酒花带进的碳酰对啤酒苦味的影响非常小,因为麦汁煮沸的蒸发降低了挥发性物质的含量,另一方面,酵母具有一定的还原能力。

啤酒的苦味物质——异律草酮的异已烯酰侧链,被 400~500mn 波长的光线分解生成 3-甲基-2-丁烯基,可与啤酒中蛋白质光变性产生硫化氢反应,生成 3-甲基-2-丁烯-1-硫醇,只要有 1ppb 该硫醇存在就会呈强烈日光臭。

6. 短链醛类的醇缩合反应

短链(6~12 碳)不饱和醛在脯氨酸的催化下可与乙醛以醇醛缩合形式发生反应,生成比原来长 1~3 个碳原子的不饱和醛(有氧化臭)。

7. 美拉德反应/斯特雷克尔分解

主要发生在麦芽干燥和醒液及麦汁煮沸过程中,啤酒的巴氏杀菌也会引起斯特雷克尔醛类含量的上升。美拉德反应生成不同的 α-次碳酚化合物,它们在斯特雷克尔分解范围内可与氨基酸发生反应。此过程中氨基酸经脱羧转变成比原来少一个碳原子的醛。由美拉德反应和斯特雷克尔分解所形成的醛不属于啤酒中主要的老化成分,但斯特雷克尔分解导致了啤酒巴氏杀菌过程中面包味的形成。

8. 醛类的二次自氧化

啤酒中含有的醛类可参与不同的连锁反应，不饱和醛可通过二次自氧化形成短链饱和醛。如由反-2-壬烯醛可生成戊醛、庚醛、辛醛等，即开始形成的反-2-壬烯醛随啤酒老化进程含量会下降。

(三) 一些有利于口味稳定性的工艺措施

在上述可能产生老化物质的反应中，氧化反应最为主要，根据不同吸氧量会形成不同的老化和异香味，通常被描述为偏甜的麦芽异香味。故应尽可能降低吸氧量，并尽可能增强各工序产品的抗氧化力。这里总结了以下有利于改善口味稳定性的措施。

1. 大麦品种选择

应选择原花色精含量适中品种，而不能选择不含原花色精的品种。

2. 制麦过程

(1)发芽时的通氧量。发芽时通氧量少的麦芽制成的啤酒，其引起老化的香味物质含量较低，因而不论是在新鲜状态还是在强化老化状态下都被认为是最好的啤酒(与发芽时通氧量正常(20%)的麦芽制成的啤酒相比)。

(2)采用起始温度低(35~50℃)、长时间的凋萎工艺如发芽干燥箱(20 小时 50℃)或现代双层干燥炉(30 小时凋萎阶段)制成的麦芽生产的啤酒可获得较高的口味稳定性。

采用起始温度高(高于 60℃)的凋萎工艺时，则会降低啤酒口味稳定性。以 2℃/小时从 50℃缓慢升至 70℃的凋萎工艺对麦芽和啤酒质量及口味稳定性有积极作用。

(3)麦芽焙焦时，高温短时间干燥比低温。

长时间干燥更有利于分离 DMS 前驱体和减少热负荷，即麦芽干燥时的热负荷不能仅仅考虑焙焦温度，而要将焙焦温度和时间结合起来。

3. 糖化过程

(1)采用有较完整麦皮的麦芽粉糖化制备的麦汁比富含蛋白质而不含麦皮的麦芽粉糖化制备的麦汁要好。

(2)高温投料有利于提高口味稳定性，麦芽质量好时，投料温度高些好。

(3)醪液的 pH 值调到 5.5 时，口味稳定性比正常糖化中醪液 pH 值为 5.8 时有所改善，当 pH 值调至 5.2 时，在新鲜和强化状态下均能达到最佳效果。

(4)糖化过程中尽可能减少与氧的接触，细心投料；通过适当调节搅拌器转速以防止搅入空气；从锅底进料与并醒，使用含氧量低的酿造水；有条件时还可在醒液面上充氮气等。

（5）采取缩短麦汁冷却时间等措施缩短麦汁在回旋沉淀槽的热保持时间，啤酒口味稳定性将有改善。

（6）控制好麦汁充氧量 7~10ppm 即可（随原麦汁浓度高低而增减），不得过量。

4. 高度重视酵母的质量

使用性能状态好活力强的酵母，必要时，采取同化工艺获取同化酵母应用于生产中，接种量控制使满罐酵母数为（10~15）×10⁶ 个/mL；满罐时间在 24 小时内。

5. 控制发酵温度

发酵过程控制较低发酵温度并严格控制各种参数，尽可能减少产生高级醇。

6. 把控工艺卫生

控制好整个酿造、包装过程的工艺卫生，杜绝一切污染杂菌的机会。

7. 过程中控制氧气的吸入

滤酒至灌装过程应尽可能控制氧的吸入，否则之前所有为了改善口味稳定性而采取的工艺措施都会徒劳无功。

可采取的措施有：酒管、清酒罐用二氧化碳备压，二氧化碳纯度要高，氧含量要低；用脱氧水预涂过滤机及顶酒头酒尾；避免管道、弯头、泵连接处出现不密封而吸入空气；滤酒时添加抗坏血酸会降低产生老化口味出现的反应速度，添加亚硫酸盐可抗氧化且可掩蔽已形成的醛类的碳酸化；灌装机带两次（以上）抽真空及高压激泡装置等。

最后，要强调的是，与生产技术管理一样，必须在市场营销中贯彻"新鲜度"管理。

第七章

综合实训

项目一：麦芽糖化力的测定

一、实验室测定

麦芽糖化力(酵素力)是检测麦芽质量的一个重要参量，他是麦芽 α-淀粉酶和 β-淀粉酶二者活力之和，是反应麦芽总的分解淀粉能力，决定酶化过程中使用输料比例的依据。

实验目的：掌握麦芽糖化力的定义；掌握碘量法测定还原糖的原理和方法。

1. 实验原理

用麦芽浸出液的糖化酶水解淀粉，生成含有自由醛基的单糖或双糖，醛糖在碱性碘液中定量氧化为相应的羧酸。剩余的碘，酸化后以淀粉作指示剂，用标准硫代硫酸钠滴定。

淀粉在酶作用下完全水解后生成 Q-D-葡萄糖，部分水解可生成麦芽糖，反应用下式表达：

$$(C_6H_{12}O_6)_n + H_2O \rightarrow C_6H_{12}O_6 + C_{12}H_{24}O_{11}$$

葡萄糖具有还原性，其羧基易被若氧化剂次碘酸钠所氧化

$$I_2+2NaOH = NaIO+NaI+H_2O$$

$$NaIO+C_6H_{12}O_6 = NaI+CH_2OH(CHOH)_4COOH+NaI$$

体系中加入过量的碘氧化反应完成后用硫代替硫酸钠滴定过量的碘，即可算出糖化力

$$I_2+2Na_2S_2O_3 = Na_2S_4O_6+2NaI$$

2. 仪器与试剂

仪器：吸管（25mL，5mL，2mL，10mL），200mL 容量瓶 2 个，250mL 碘量瓶。

试剂：2%可溶性淀粉溶液，乙酸-乙酸缓冲溶液，麦芽浸出液，1mol/L 的氢氧化钠溶液，0.1mol/L 碘溶液，1mol/L 的硫酸溶液，0.1mol/L 硫代硫酸钠溶液。

3. 实验步骤

实验分为三步，即麦芽糖化的制备、空白实验的制备以及碘量法定糖。

（1）麦芽糖化液的制备。

量取 2%可溶性淀粉溶液 100mL，置于 200mL 容量瓶中，摇匀，在 20℃水浴中保温 20 分钟。准确加入 5mL 麦芽浸出液，摇匀，在 20℃水浴中保温 30 分钟，立即加入 1mo/L 的 NaOH 溶液 4mL，震荡以终止酶的活动，用水定容至刻度。

（2）空白实验的制备。

量取 2%可溶性淀粉溶液 100mL，置于 200mL 容量瓶中，加 10mL 乙酸-乙酸缓冲溶液，摇匀，在 20℃水浴中保温 20 分钟。加入 1mol/L 的 NaOH 溶液 2.35mL，摇匀，准确加入 5mL 麦芽浸出液，用水定容至刻度。

（3）碘量法定糖。

吸取麦芽糖化液和空白实验液各 50mL，分别置入 250mL 碘量瓶中，各加入 0.1mol/L 碘溶液 25mL，1mol/L 的氢氧化钠溶液 3mL 摇匀，盖好，静置 15 分钟。加 1mol/L 的硫酸溶液 4.5mL（见表 7-1），立即用 0.1mol/L 硫代硫酸钠溶液滴定至蓝色失为终点。

4. 数据记录（见表 7-1）

表 7-1　　　　　　　　　　　　　　实验记录表

项　目	糖化液			空白液		
次数	1	2	3	1	2	3
取样毫升数/mL						

续表

项　　目	糖化液			空白液		
滴定消耗亚硫酸钠毫升数/mL						
平均值/mL	$V=$			$V=$		

5. 结果计算

麦芽糖化力是以 100g 无水麦芽在 20℃，pH 值为 4.3 条件下分解可溶性淀粉 30 分钟产生 1g 麦芽糖为一个唯科（WK）糖化力单位。

$$麦芽糖化力（WK）=（V_0-V）C×34.2÷（1-M）×100$$

式中：V_0 为空白液消耗亚硫酸钠标准溶液的毫升数；

　　　 V 为麦芽糖化液消耗亚硫酸钠标准溶液的毫升数；

　　　 C 为亚硫酸钠标准溶液的摩尔浓度数；

　　　 M 为麦芽糖水分百分含量；

　　　 34.2 为换算系数。

二、生产中测定：用 SKALAR 间隔流动分析仪测定麦芽糖化力

用 SKALAR 间隔流动分析仪（SFA）测定麦芽糖化力（DP）的方法，操作简便，数据重复性好，结果准确，适于大批量的样品分析。

1. 原理

SFA 采用间隔流动技术，试样进入反应器后，被空气泡隔开，在反应器中进行如混匀、加热、渗析等化学处理，最后用分光光度计检测。

麦芽浸出液进入反应器后，与淀粉溶液反应，水解淀粉生成的还原糖在碱性条件下与铁氰化钾发生氧化还原反应，Fe^{3+} 变成 Fe^{2+}，颜色变浅，在 420nm 下测光密度，根据光密度的变化即可计算出 DP 值。

测定的主要反应如下：

$$RCHO+2Fe(CN)_6^{3-}+2OH^-→RCOOH+2Fe(CN)_6^{4-}+H_2O$$

2. 主要药品

主要药品有：Brij35（30%），淀粉（直链），铁氰化钾，醋酸（100%），醋酸钠，碳酸钠，氯化钠，α-淀粉酶（Ⅷ-A 型），麦芽。

3. 主要仪器

主要仪器是 SKALAR 间隔流动分析仪，用来分析天平。

4. 实验方法

(1)麦芽浸出液的制备：称取 10g 经粉碎的无水麦芽于 500mL 容量瓶中，加入 200mL 5%的 NaCl 溶液，20℃保温 2 小时，每隔 20 分钟搅拌一次，及时过滤使用。

(2)SFA 分析法试验步骤及流程见图 7.1：

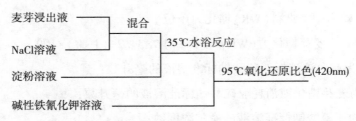

图 7.1　用 SFA 测定 DP 的反应流程图

计算公式：

$$\delta = \sqrt{\frac{\sum\limits_{i=1}^{5}(X_i - X)^2}{5}}$$

仪器分析与常规分析的 Max｜$X_i - X$｜≤3δ，因此各自的 X 都可以作为测量值。仪器分析的 δ/X≤0.01，而常规分析的 δ/X≥0.05，这说明仪器分析比常规分析的稳定性要好得多。

为了检测仪器分析的准确性，若以常规分析结果作为真实值，仪器分析结果的相对标准偏差为(307.82-293.8)/293.8＝4.77%<9%。由于测定麦芽糖化力的允许相对标准偏差为±9%，因此可以把仪器分析结果作为测量结果。

5. 结论

(1)SFA 稳定性好，其 δ/X<1%，可大大减少人为原因造成的误差；

(2)SFA 操作简单，使用方便，节省了人力与物力，非常适合于工厂大批量的样品分析；

(3)应用 SFA 作分析，要注意精确配制标准溶液。所有试剂不允许有悬浮物或沉淀物存在，否则，重新配制或过滤后再使用；

(4)应用 SFA 的过程中，维护与保养是关键，每次使用前后，必须做好清洗工作；

(5)由于麦芽中各种淀粉酶的比例不同，测量不同麦芽品种的糖化力时，其作为标准溶液的淀粉酶活力单位有待于进一步研究。

项目二：麦芽质量指标的测定

一、目的与要求

(1)通过对麦芽主要质量指标的测定，以达到综合应用各种分析方法的目的，综合训练食品分析的基本技能，掌握食品分析的基本原理和方法。

(2)根据实验任务学会选择正确的分析方法以及学会合理安排实验的顺序和实验时间。

(3)正确应用"直接干燥法"、"碘量法"、凯氏定氮法、"茚三酮比色法"、"折光法"及"密度法"等基本技术，学会正确分析实验影响因素。

二、实验原理及相关知识

1. 实验任务

麦芽是麦芽厂和啤酒厂麦芽车间的产品，同时又是酿造啤酒的主要原料，麦芽的质量直接影响啤酒的质量。而麦芽质量的好坏主要由水分、糖化力，蛋白质含量、蛋白溶解度及 α-氨基氮等指标决定，本实验根据麦芽的主要质量指标，要求分析下列项目：①麦芽水分含量；②麦芽渗出率；③麦芽糖化力；④麦芽蛋白质含量；⑤麦芽蛋白溶解度；⑥麦芽 α-氨基氮含量。

2. 实验原理及相关知识

(1)麦芽水分含量。

麦芽水分是麦芽质量控制指标之一，水分大，会影响麦芽的浸出率，质量要求麦芽使用时水分低于5%。常用直接干燥法，其原理是：在一定的温度(95~105℃)和压力(常压)下，将样品放在烘箱中加热干燥，除去蒸发的水分，干燥前后的质量之差即为样品的水分含量。

(2)麦芽渗出率。

麦芽渗出率与大麦品种，气候和生长条件、制麦方法有关，质量要求优良麦芽无水浸出率为76%以上，常用方法有密度瓶法、折光法，可根据麦芽汁相对密度查得的麦芽汁中浸出物的质量百分数，计算渗出率，或根据麦芽汁折光锤度(质量百分数)直接初算渗出率。

(3)麦芽糖化力。

麦芽糖化力是指麦芽中淀粉酶水解淀粉成为含有醛基的单糖或双糖的能力。它是麦芽质量的主要指标之一，质量要求良好的淡色麦芽糖化力为 250WK 以上，次品为 150WK 以下。麦芽糖化力的测定常用碘量法，其原理是麦芽中淀粉酶解成含有自由醛基的单糖或双糖后，醛糖在碱性碘液中定量氧化为相反的羧酸，剩余的碘酸化后，以淀粉作指示剂，用硫代硫酸钠滴定，同时做空白试验，从而计算麦芽糖化力。

(4)麦芽蛋白质(总氮)含量。

麦芽蛋白质一般为 8%~11%(干物质)，常用微量凯氏定氮法，其原理见第三章实验八。

(5)麦芽蛋白溶解度(氮溶指数)。

麦芽蛋白溶解度是用协定法麦芽汁的可溶性氮与总氮之比的百分率，比值越大，说明蛋白质分解越完全。麦芽质量要求蛋白溶解度高于 41% 为优；38%~41% 为良好；35%~38% 为满意；低于 35% 为一般。常用凯氏定氮法，分别用麦芽粉样和协定法麦芽汁样与浓硫酸和催化剂共同加热消化，使蛋白质分解，产生的氨与硫酸结合生成硫酸铵，留在消化液中，然后加碱蒸馏使氮游离，用硼酸吸收后，再用盐酸标准溶液滴定，根据标准酸的消耗量可计算出麦芽总氮和可溶性氮。

(6)麦芽 α-氨基氮含量。

麦芽 α-氨基氮含量是极为重要的质量指标。部颁标准规定良好的麦芽每 100 克无水麦芽含 α-氨基酸毫克数为 135~150。大于 150 为优，小于 120 为不佳。在啤酒行业中常有茚三酮比色法和 EBC2，4，6-三硝基苯磺酸测定法(简称 TNBS 法)，推荐茚三酮比色法：茚三酮为一氧化剂，它能使 α-氨基酸脱羧氧化，生成二氧化碳、氨和比原来氨基酸少一个碳原子的醛，还原茚三酮再与氨和未还原茚三酮反应，生成蓝紫色缩合物，产生的颜色深浅与游离 α-氨基氮含量成正比，在波长 570nm 处有最大的吸收值，可用比色法测定。

3. 实验方案设计提示

(1)根据样品测定项目设计实验方案。

(2)选择样品提取和预处理方法，及根据误差的要求和实际需要选择恰当的天平仪器和玻璃量具。

(3)方案设计时可以参考相关知识，或其他资料。

(4)本实验为 2 个单元，请根据实验任务以及实验室提供的仪器和试剂合理安排实验实施方案。

三、仪器与试剂

1. 实验室提供的仪器

(1)鼓风恒温干燥箱；

(2)各种分析天平；

(3)干燥器；

(4)称量皿；

(5)凯氏消化装置(见图7.2)；

(6)改良式凯氏定氮蒸馏器(见图7.3)；

(7)恒温水浴锅及电动搅拌器；

(8)搪瓷杯或硬质烧杯；

(9)分光光度计；

(10)阿贝折光仪、密度计。

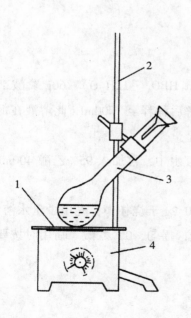

1—垫；2—支架；3—凯氏烧瓶；4—电炉

图7.2 凯氏消化装置

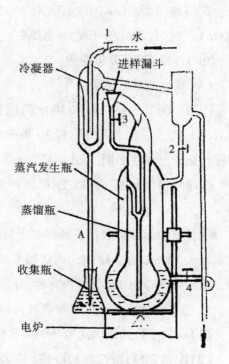

图7.3 改良式微量定氮蒸馏装置

2. 实验室提供的试剂

(1)测蛋白质各种试剂，同第三章实验八。

(2)测糖化力试剂：

①硫代硫酸钠标准溶液：（0.1mol/L）；

称12.5g $Na_2S_2O_3 \cdot 5H_2O$ 于250mL烧杯中，用新煮沸且已放冷的蒸馏水溶解后，移入500mL棕色瓶中，加入0.1g Na_2CO_3，用上述蒸馏水稀释至500mL，摇匀，放暗处7~14天后，按GB601配制与标定。

②pH值为4.3乙酸-乙酸钠缓冲溶液；

称取30g分析纯乙酸用蒸馏水稀释至1000mL，另称取34g分析纯乙酸钠（$CH_3COONa \cdot 3H_2O$)溶于蒸馏水中并稀释至500mL。将两溶液混合，其pH值为4.3±0.1。

③氢氧化钠溶液(1mol/L)：称取40g氢氧化钠，用水溶解至1000mL。

④硫酸溶液(1mol/L)：量取28mL浓硫酸，缓缓倒入适量水中并稀释至1000mL，冷却，摇匀。

⑤碘溶液（0.1mol/L)：称取13g碘及35g碘化钾，溶于100mL水中并稀至1000mL，摇匀，保存于棕色具塞瓶中。

⑥可溶性淀粉(分析纯)。

(3)测 α-氨基酸试剂：

①茚三酮显色剂：称取100g磷酸氢二钠（$Na_2HPO_4 \cdot 12H_2O$)、60g磷酸二氢钾（KH_2PO_4)、50g水合茚三酮和3g果糖，用水溶解后稀释至1000mL(此溶液在低温下用棕色瓶子可保存2周，pH值应为6.6~6.8)。

②碘酸钾稀释液：称取2g碘酸钾溶于600mL水中，再加入95%乙醇400mL，混匀。

③甘氨酸标准溶液：准确称取干燥的甘氨酸0.2g于烧杯中，先用少量水溶解后，定量转入100mL容量瓶中，用蒸馏水稀释毛标线，摇匀，0℃贮藏。临用时按要求稀释，此液为200mg/Lα-氨基酸标准溶液。

3. 学生自行准备的仪器和试剂

(1)安装改良式凯氏定氮蒸馏装置(见图7.3)。

(2)配制2%可溶性淀粉溶液：称取2g可溶性淀粉，加少量蒸馏水调成糊状，倾入100mL沸水中，继续煮沸至透明，冷却。

（3）标定盐酸标准溶液（0.01mol/L）：按 GB601 配制与标定。

四、实验步骤提示

1. 样品处理

（1）麦芽粉的制备。

按取样法先取少量样品倒入粉碎机中，用以洗涤粉碎机，然后倒入样品进行粉碎，使用 60 目筛过筛，使细粉含量达 90% 以上。如表皮不能一次磨成细粉，需反复粉碎，直至达到要求。供分析水分、总氮含量用。

（2）麦芽渗出液的制备。

①称取粉碎麦芽样 20g（深色麦芽为 40g），置于已知质量的搪瓷杯或硬质烧杯中，加蒸馏水 480mL。

②于 40℃ 水浴中，在 40℃ 恒温下搅拌 1 小时（搅拌机转速为 1000 转/分）。

③取出渗出杯，冷却至室温，补充水使其内容物质量为 520g（深色麦芽为 540g）。

④搅拌均匀后，以双层干燥滤纸过滤，弃去最初滤出的 100mL 滤液，返回重滤，重滤后，滤液为麦芽渗出液，供分析糖化力用样。

（3）协定法麦芽汁的制备。

①称取粉碎麦芽样 50g 放入已知质量的糖化杯中，加入 200mL 蒸馏水（一般为 46~47℃），使混合后恰好达到 45℃ 保温 30 分钟。

②以每分钟升高 1℃ 的速度升温，在 25 分钟内升至 70℃，此时于杯内加入 100mL70℃ 水。

③在 70℃ 保温 1 小时后冲洗搅拌器，取出糖化杯，在 10~15 分钟内急速冷却到室温。

④擦干杯处壁水分，补加水准确使其内容物质量为 450g。

⑤搅拌均匀后，以双层干燥纸过滤，最初滤出的 100mL 滤液返回重滤，重滤后的溶液为协定法麦汁，供分析相对密度、可溶性固形物、可溶性氮、α-氨基氮等。

2. 测定方法

（1）直接干燥法测定麦芽水分含量。

①称取粉碎麦芽约 5g，称量准确至 0.001g，放入已称至恒重的称重皿中，弄平立即盖好，操作越迅速越好。

②称重皿置于干燥箱中，将盖取下，在 105~107℃ 下干燥 3 小时。

③趁热将称重皿盖好,取出,置干燥器中冷却半小时后称重。再重复烘半小时,冷却称重到恒重(如两次称重相差在 2mg 以内,即作为恒重)。

④记录数据(见表 7-2)。

表 7-2 实验记录表

称重皿质量 /m_0(g)	样品和称重皿质量 /m_1(g)	烘干后样品和称重皿质量/m_2(g)			
		#1	#2	#3	恒重值

⑤计算结果:

$$X = \frac{m_1 - m_2}{m_1 - m_0} \times 100$$

式中:X——样品中水分的质量分数(%);

　　　m_0——称量皿的质量(g);

　　　m_1——称量皿和样品的质量(g);

　　　m_2——称量皿和样品干燥恒重后的质量(g)。

(2)麦芽渗出率测定:麦汁可溶性固形物的测定。

①密度瓶法。

a. 将协定法麦芽汁混匀,立即灌入密度瓶中。将绝干的附温密度瓶用约 10mL 麦芽汁洗两次,然后灌满麦芽汁,装上温度计,并放置于水浴中(20±0.5℃)(如麦芽汁温度比较高,可先将麦芽汁放入冰箱中冷却后再做)。保持水浴液面超过密度瓶颈刻度,在冰箱中恒温 25 分钟。

b. 取出密度瓶,调整麦芽汁使达到刻度,再待 5 分钟后准确地调整至恰好在刻度。将密度瓶取出外面擦干,用滤纸除去溢出侧管的麦汁,立即盖上罩,放置 5 分钟,称量。计算相对密度,取 5 位小数。

c. 从密度瓶计算浸出物。麦芽汁正确的浸出物量可由相对密度 d 从正式的糖度表附录查得 B。

②折光锤度法,见第一章实验二。

③计算麦芽浸出率。

以风干麦芽样品计:麦芽浸出物 E_1(%)$= \dfrac{B(800 + M)}{100 - B}$

以绝干麦芽样品计：麦芽浸出物 $E_2(\%) = \dfrac{E_1 \times 100}{100 - M}$

式中：M——麦芽水分%；

　　　　B——麦芽汁中可溶性固形物%。

（3）碘量法测定麦芽糖化力。

①麦芽糖化液的制备：量取 2% 可溶性淀粉溶液 100mL，置于 200mL 容量瓶中，加 10mL 乙酸-乙酸钠缓冲溶液，摇匀，在 20℃ 水浴中保温 20 分钟。准确加入 5mL 麦芽浸出液，摇匀，在 20℃ 水浴中准确保温 30 分钟，立即加入 1mol/L 氢氧化钠溶液 4mL，振荡，以终止酶的活动，用水定容至刻度。

②空白试验的制备：量取 2% 可溶性淀粉溶液 100mL，置于 200mL 容量瓶中，在 20℃ 水浴中保温 20 分钟后，加入 1mol/L 氢氧化钠溶液 2.35mL，摇匀，加 5mL 麦芽浸出液，用水定容至刻度。

③碘量法定糖：吸取麦芽糖化液和空白试验液各 50mL，分别置入 250mL 碘量瓶中，各加入 0.1mol/L 碘溶液 25mL，1mol/L 氢氧化钠溶液 3mL 摇匀，盖好，静置 15 分钟。加 1mol/L 硫酸溶液 4.5mL，立即用 0.1mol/L 硫代硫酸钠溶滴定至蓝色时为终点。

④记录数据（见表 7-3）。

表 7-3　　　　　　　　　　　　　　实验记录表

项目	糖化液			空白液		
次数	1	2	3	1	2	3
取样毫升数/mL						
滴定耗 $Na_2S_2O_3$ 毫升数/mL						
平均值/mL	$V=$			$V_0=$		

⑤计算结果。

麦芽糖化力是以 100g 无水麦芽在 20℃、pH 值为 4.3 条件下分解可溶性淀粉 30 分钟产生 1g 麦芽糖为 1 个维柯（WK）糖化力单位

$$麦芽糖化力(WK) = \frac{(V_0 - V) \times C \times 34.2}{(1 - M)} \times 100$$

式中：V_0——空白液消耗 $Na_2S_2O_3$ 标准溶液的毫升数（mL）；

　　　V——麦芽糖化液消耗 $Na_2S_2O_3$ 标准溶液的毫升数（mL）；

　　　C——$Na_2S_2O_3$ 标准溶液的摩尔浓度（mol/L）；

　　　M——麦芽水分百分含量（%）；

　　　34.2——换算系数（20g 麦芽样的转换系数，浓色麦芽应将 34.2 改为 17.1）。

（4）麦芽蛋白质（总氮）测定（凯氏定氮法）。

①消化：称取麦芽粉碎样约 1.5g（精确到 0.001g），移入干燥的 500mL 凯氏烧瓶中，其余步骤按第三章实验八，操作。

②蒸馏：本实验建议采用改良式微量定氮蒸馏装置，可按图 7.3 安装进行蒸馏和吸收。蒸馏操作步骤如下：

a. 量取 20mL 2%硼酸溶液于收集瓶（三角锥瓶）中，加混合指示剂 2~3 滴，接于游离氨馏出管 A 处，并使管口插入液面下（不宜太深）。

b. 打开开关 1 使冷水进入冷凝器部分。

c. 打开开关 2 使冷水进入蒸汽发生瓶内，当液面升至 3~4 厘米时将开关 2 关闭。

d. 打开开关 3，取消化稀释液 5mL 从漏斗处放入蒸馏瓶内，加入 40%氢氧化钠 8mL 左右。再用少量蒸馏水洗净漏斗（少量多次），并使流入蒸馏瓶内。随即关闭开关 3。

e. 加热蒸馏，待蒸馏约 10 分钟后（以蒸馏液沸腾时算起），将馏出管提出液面再蒸馏 1~2 分钟，直至氮全部馏出（可用红色石蕊试纸检查至馏出液不使石蕊试纸变蓝色为止）少量水洗涤馏出管处部，洗水一并当于上集瓶。

③滴定：用已标定的 0.01mol/L 盐酸标准溶液滴定收集之馏出液至灰色为终点。

④记录数据（见表 7-4）。

表 7-4　　　　　　　　　　　　　　实验记录表

样品名称	样品质量(体积)/g(mL)	滴定耗盐酸标准溶液/mL			
		第一次	第二次	第三次	平均值

⑤残液排出与洗涤。

a. 用洗耳球插入馏出管内将空气压入蒸馏瓶内，经开关 4 反复排出多次即可将残液排净。或在蒸馏结束时立即打开开关 2 使冷水进入蒸汽发生瓶内产生真空将残液抽出。

b. 打开开关 3 从漏斗注入冷水洗涤蒸馏瓶，关闭开关 3，按上述程序反复多次即可洗净。

c. 打开开关 2 让冷却水进入蒸汽发生瓶内并同时打开开关 4 将水排出，待瓶洗净后关闭开关 1、2 并将洗水全部倒出后关闭开关 4。

⑥计算结果：

$$X_1 = \frac{(V_1 - V_0) \times C \times 0.014}{m(1 - M)} \times \frac{100}{5} \times 100$$

$$X_2 = X_1 \times 6.25$$

式中：X_1——100 克无水麦芽总氮的质量分数(%)；

　　　X_2——麦芽蛋白质的质量分数(%)；

　　　V_1——碎麦芽样消耗盐酸标准溶液的体积(mL)；

　　　V_0——空白试剂消耗盐酸标准溶液的体积(mL)；

　　　C——盐酸标准溶液的浓度(mol/L)

　　　0.014——1mL 盐酸标准溶液〔$C_{(HCl)}$ = 1mol/L〕相当于氮的质量(g)；

　　　6.25——氮换算为蛋白质的系数；

　　　m——样品质量(或体积)(g 或 mL)；

　　　M——麦芽样品中水分的含量(%)。

(5)麦芽蛋白溶解度测定

①步骤：分别测麦芽总氮和麦汁可溶性氮，麦芽总氮按麦汁可溶性氮的测定进行操作，吸取协定法麦芽汁 25mL，置于 500mL 凯氏烧瓶中，其余步骤按上一部分所述步骤进行操作。

②计算结果：

a. 可溶性氮含量计算：

$$X_3 = \frac{(V_2 - V_0) \times C \times 0.014 E_2}{B \times d} \times \frac{100}{25} \times \frac{100}{5}$$

b. 蛋白溶解度计算：

$$NSI = \frac{X_3}{X_1} \times 100$$

式中：X_3——麦芽可溶性氮的质量分数(%)；

　　　X_1——麦芽总氮的质量分数(%)；

　　　NSI——蛋白溶解度(氮溶指数)(%)。

　　　V_2——协定法麦芽汁样消耗盐酸标准溶液的体积(mL)；

　　　B——麦芽汁中可溶性固形物(%)；

　　　d——麦芽汁在20℃时相对密度；

　　　E_2——无水麦芽浸出率(%)。

　　　式中其余符号的意义同前。

(6)茚三酮比色法测定 α-氨基氮含量。

①绘制标准曲线。

准确吸取 200μg/mL 的甘氨酸标准溶液 0mL、0.5mL、1.0mL、1.5mL、2.5mL、3.0mL(相当于 0μg、100μg、300μg、400μg、500μg、600μg 甘氨酸)，分别置于 25mL 容量瓶或比色管中，各加水补充至容积为 4.0mL，然后加入茚三酮显色剂 1.00mL，混合均匀，于沸水浴中加热 16 分钟，取出迅速冷室温，加 5.00mL 碘酸钾稀释溶液，并加水至标线，摇匀。静置 15 分钟后，于 570nm 波长下，用 1cm 比色皿，以试剂空白为参比液，测定其余各溶液的吸光度，以标准氨基酸含量(μg)为横坐标，与其对应的吸光度为纵坐标，绘制标准曲线。

②样品测定。

吸取适量的协定法麦芽汁(使浓度为 100~300μg/mL α-氨基酸)，按标准曲线制作步骤，在相同条件下测定吸光度，用吸光度在标准曲线上查得对应的氨基酸质量(μg)。

③计算结果：

$$X = \frac{m}{m_1 \times 1000} \times 100$$

式中：X——每 100g 麦芽中 α-氨氮的含量(mg/100g)；

　　　m——测定用麦汁中 α-氨基酸的含量(μg)；

　　　m_1——测定的样品溶液相当于样品的质量(g)；

五、实验结果分析(见表7-5)

表 7-5 实验结果分析表

分析项目	分析方法	分析结果	结　论

六、注意事项

(1)麦芽渗出液保存不应超过6小时；

(2)麦芽糖化液的制备中，加氢氧化钠溶液后溶液应呈碱性，pH 值为 9.4~10.6，可用 pH 试纸检验；

(3)本实验中用 $Na_2S_2O_3$ 标准溶液的制备、标定及注意问题参考分析化学有关部分。

(4)茚三酮与氨基酸反应非常灵敏，痕迹量的氨基酸也能给结果带来很大误差，故操作中要十分注意，如容器必须仔细洗净，洗净后只能接触其外部表面。移液管不能用嘴吸等。

(5)茚三酮与氨基酸显色反应要求在 pH 值为 6.7 的条件下加热进行，果糖作为还原性发色剂，碘酸钾在稀溶液中使茚三酮保持氧化态，以阻止副反应。

(6)麦芽粉和麦芽汁消化液蒸馏时加碱量要充足，蒸馏装置不能漏气。

七、思考题

(1)试比较茚三酮比色法与甲醛滴定法定量氨基酸，各有什么优缺点？

(2)怎样测定麦芽汁密度？请自行设计方案。

(3)测定糖化力时，空白试验液的制备为什么要先加氢氧化钠后加麦芽浸出液？

(4)你对本实验有什么体会(包括成功的经验及失败的教训)？简述影响实验结果的因素有哪些？

项目三：特种麦芽的制造

如今啤酒种类越来越多。啤酒的风味、色泽、香味、口味丰满性、泡沫和其他质量特征明显不同。这意味着要生产不同的啤酒，就应使用不同比例的不同麦芽，以突出各种啤酒的典型特征。这些麦芽被称为"特种麦芽"。

一、皮尔森型麦芽(浅色麦芽)

1. 麦芽制作

色度：2.5~3.5EBC。

粗细粉差最大值：1.7%~2.0%。

黏度：低于1.58mPa·s。

蛋白溶解度：40%左右(+1%~2%)。

游离氨基酸的最低值：为总可溶性氮的20%。

VZ45°>36%。

使用具发芽能力强且能均匀发芽的大麦。

2. 使用范围

所有啤酒种类，可用作淡色啤酒的100%原料，或其他啤酒的部分原料。

3. 使用效果

优质加工，容易在单一温度下糖化，为啤酒带来明显的麦芽甜味，且作为主要麦芽时含有足够的酶。

二、深色麦芽("慕尼黑"型)

1. 麦芽制作

使用蛋白质含量高的大麦；强烈的发芽，温度在18~20℃。

较高的浸麦度：48%~50%；湿热凋萎。

焙焦温度100~105℃，焙焦时间4~5小时。

麦芽色度：15~25EBC。

粗细粉差：2%~3%。

2. 使用范围

下发酵啤酒，艾尔啤酒，棕色啤酒，琥珀色啤酒。

3. 使用效果

若糖化投料时使用25%~40%色度为25EBC的麦芽，则有助于加强啤酒麦芽香味。

三、维也纳麦芽

1. 麦芽制作

浸麦度：44%~46%。

麦芽溶解一般，不得过度溶解。

焙焦温度为90℃。

麦芽色度为5.5~6EBC。

2. 使用范围

维也纳麦芽特别适于酿造三月啤酒、节日啤酒和自制啤酒。

3. 使用效果

维也纳麦芽用于调整色度过浅的浅色麦芽，或用于酿制金黄色啤酒，以此促进麦芽的口味丰满性。

四、焦香麦芽

1. 麦芽制作

过去生产焦香麦芽的原料是将干燥的麦芽重新浸泡，使其水分达44%。现在则使用水分为45%~50%的绿麦芽。为使酶强烈分解，形成低分子蛋白质产物和糖分，要使绿麦层的温度在发芽最后30~36小时上升到50℃。

在炒麦炉中将麦芽升温至60~80℃，进行60~90分钟的糖化。后期处理过程视不同的焦香麦芽有所区别。

2. 使用范围

艾尔啤酒、白啤、低度啤酒。

3. 使用效果

(1)皮尔森焦香麦芽可改善啤酒泡沫性能，提高啤酒口味丰满性。

(2)浅色焦香麦芽主要用于提高浅色啤酒的口味丰满性和强化麦芽香味,同时可提高啤酒色度。

(3)深色焦香麦芽主要用来提高啤酒口味丰满性和强化麦芽香味,也可提高啤酒的色度。

五、焦糖麦芽(Caramel Malts)

1. 麦芽制作

焦糖麦芽(结晶麦芽),制好的麦芽经过加热蒸煮过程,使麦芽中糖类物质发生了结晶,结晶糖含有被焦糖化了的长链分子,发酵过程中并不能被酵母转化为单糖。

2. 使用范围

所有的艾尔型啤酒和高浓度的拉格啤酒。

3. 使用效果

啤酒中带有较浓重的麦芽味道和焦糖的甜味,使啤酒口感更为厚实。

六、着色麦芽

1. 麦芽制作

(1)用溶解较好的浅色出炉麦芽,色度也可稍深一点。

(2)在70℃不通风的炒麦机中使水分均匀提高5%。

(3)2小时后,在炒麦机中使麦芽升温至175~200℃,并在此温度下进行1.5小时的休止,形成焦糖物质。

(4)接着,麦芽快速均匀冷却。着色麦芽的色度为1300~2500EBC。

2. 使用范围

上面发酵啤酒、老啤酒、深色小麦啤酒。

3. 使用效果

进一步加深啤酒色度。

七、酸麦芽

1. 麦芽制作

将浅色出炉麦芽浸泡于45~50℃的水中,直至麦芽的乳酸菌形成约1%的乳酸为止。然后将麦芽在 50~60℃环境中小心地干燥，使麦芽中的乳酸量达到 2%~4%。使用酸麦芽可使醪液的 pH 值下降。如今，实现这一酸化过程更好更可靠的方法是通过生物酸化来进行。

2. 使用范围及效果

(1)酿造低度啤酒时，用酸麦芽来提高啤酒的口味丰满性，赋予啤酒柔软的口感，特别是糖化用水硬度高时，其使用量多为投料量的 6%~9%。

(2)酿造无醇啤酒时，由于要抑制发酵，使用酸麦芽后可得到合适的麦芽口味。不过要使 pH 值接近 4.5，酸麦芽的使用量要多些。

(3)酿造麦芽啤酒时用来降低 pH 值。

八、巧克力麦芽(Chocolate Malt)

1. 麦芽制作及使用效果

黑麦芽和巧克力麦芽的制作工艺：属于高色度焙焦麦芽，由已干燥的麦芽到一般 Lager 特征的麦芽制成，湿度 6%~7%，置于转鼓烘干机内，升高除水，30~60 分钟升温到 200~250℃，保持 30 分钟，当闻到焦香味，再升温至 220~230℃，保持 10~20℃，停止加热，高压水冷却，随水分汽化降温，麦芽呈深棕色，但不焦化，随温度变化，生产出不同色度和风味的麦芽，包括浅色麦芽到深黑麦芽，与焙焦麦芽色度相似。

2. 使用范围

少量用于棕色英式艾尔型啤酒，广泛使用于波特和世涛中。

3. 使用效果

使艾尔型啤酒带有一种苦甜的巧克力滋味和愉悦的烘烤特征，并让啤酒呈现出较深的暗红黑色。

九、小麦麦芽

1. 麦芽制作及使用效果

蛋白质溶解度最高为 42%。

协定麦汁中的游离氨基酸占总氮的 18%。

黏度小于 1.65mPa·s。

粗细粉差值约为 1.0%。

2. 使用范围

(1)浅色小麦麦芽：在 80℃ 快速焙焦，以避免麦芽色度加深。浅色小麦麦芽的色度为 3.0~4.0EBC，以赋予上面发酵啤酒细长、烈性口味和小麦香味之特色。

(2)深色小麦麦芽：在 100~110℃ 进行焙焦，以达到 15~17EBC 色度。此麦芽主要用于酿造深色小麦啤酒、老啤酒和深色低醇啤酒。

3. 使用范围

小麦啤酒、上面发酵啤酒，如科尔施(Kolsch)啤酒。

十、琥珀麦芽

溶解良好的麦芽干燥至湿度 3%~4%，除根，置于转鼓烘干机内，15~20 分钟加热到 95℃，缓慢加热到 140~150℃，保持高温，至色度达 35~100EBC。

项目四：酵母细胞的培养

一、实验目的

(1)掌握酵母接种的方法；

(2)掌握酵母细胞的生活方式及生长周期；

(3)掌握酵母细胞生长所需的培养基和条件。

二、实验原理

酵母菌是单细胞真核微生物。酵母菌细胞的形态通常有球形、卵圆形、腊肠形、椭圆形、柠檬形或藕节形等。比细菌的单细胞个体要大得多，一般为$(1~5)×(5~30)$ μm。酵母菌无鞭毛，不能游动。

酵母在自然界分布广泛，目前已知有 1000 多种酵母，根据酵母产生孢子(子囊孢子和担孢子)的能力，可将酵母分成三类：形成孢子的株系称为子囊菌和担子菌，不形成孢子但主要通过芽植来繁殖的称为不完全真菌，或者叫"假酵母"。目前已知大部分酵母被分类为子囊菌门。

大多数酵母为腐生，其生活最适 pH 值为 4。pH 值为 5~6，常见于糖分较高的环境，如果园土、菜地土及植物果皮表面等。酵母菌生长迅速，易于分离培养，在液体培养基中，酵母菌比霉菌生长得快。

本实验主要进行酵母培养基的制备和酵母接种，平板分离实验将在下一节详细介绍。

三、实验器材

（1）菌种：啤酒酵母。

（2）培养基：PDA 培养基。

（3）物料：马铃薯，蔗糖，葡萄糖。

（4）器材：小铲、250mL 三角瓶 10 个，500mL 烧杯 1 个，无菌培养皿，玻璃棒，天平，称量纸，药勺，蒸馏水，移液枪，枪头，微波炉，高压蒸汽灭菌锅，分析天平，摇床，超净工作台，接种环，酒精灯，报纸，通气塞或封口膜，橡皮筋若干。

四、实验步骤

1. PDA 培养基的配制

马铃薯先洗净去皮，再称取 200g 切成小块，加水煮烂（煮沸 20~30 分钟，能被玻璃棒戳破即可），用八层纱布过滤，加热搅拌混匀，加入 20g 蔗糖和 20g 葡萄糖，搅拌均匀，稍冷却后再补足水分至 1000mL。

2. 分装

将 10 个 250mL 的三角瓶分成 2 组，分别标号 1-1、1-2、1-3、1-4、1-5 和 2-1、2-2、2-3、2-4、2-5，在标号为 1 的三角瓶中分别加入 PDA 液态培养基 15mL，标号为 2 的三角瓶中加入 10mL。加塞、包扎，并且包上报纸。

3. 灭菌

将 10 个三角瓶在灭菌 20 分钟左右（115℃）后取出试管摆斜面或者摇匀，冷却后贮存备用。

4. 接种

在超净工作台上，用移液枪吸取 1mL 的酵母液接种于带有标号为 1 的三角瓶中。

5. 培养

将三角瓶放置于 200rpm、温度为 31℃的摇床中进行培养。

6. 补料

经过 24 小时的培养后，在超净工作台上将带有标号 2 的三角瓶——对应带有标号 1 的三角瓶中进行补料。调节摇床温度为 28℃。

7. 酵母计数(方法详见项目七：啤酒酵母的计数)。

五、注意事项

1. 培养基配制注意事项

(1)培养基经灭菌后，必须放在 37℃温箱培养 24 小时，无菌生长者方可使用。

(2)PDA 培养基一般不需要调 pH 值。对于要调节 pH 值的培养基，一般用 pH 试纸测定其 pH 值。如果培养基偏酸或偏碱时，可用 1mol/LNaOH 或 1mol/LHCL 溶液进行调节。调节时应逐滴加入 NaOH 或 HCl 溶液，防止局部过酸或过碱破坏培养基成分。

(3)培养基在使用时也可以做成不含琼脂的液体培养基，用于菌类的震荡培养。

(4)培养基也可以加入氯霉素或土霉素，加入量为 0.2g/L 培养基，主要是为了抑制细菌的生长，减少干扰性。

2. 高压蒸汽灭菌注意事项

(1)需要灭菌的各种包裹不应过大、过紧，不要排得太密集，以免影响灭菌效果。

(2)包内和包外各贴一条灭菌指示带(长 6~8cm)，如压力达到范围时，指示纸带上即出现黑色条纹，表示已达灭菌的要求。

(3)易燃和易爆炸物品如碘仿、苯类等，禁用高压蒸汽灭菌法；锐利器械如刀、剪不宜用此法灭菌，以免变钝。

(4)瓶装液体灭菌时，要用玻璃纸和纱布包扎瓶口，如用橡皮塞的，应插入针头排气。

(5)要有专人负责，每次灭菌前，应检查安全阀的性能是否良好，以防锅内压力过高，发生爆炸。

3. 接种注意事项

(1)在超净工作台上应尽量避免污染杂菌，尤其是芽孢杆菌的污染。

(2)酵母前期培养过程中大量利用培养基中的营养成分，产生大量的能量，所以前阶段温度不宜为 31℃，应调低 2~3℃，补料后可以调至 31℃。

项目五：平板分离法分离啤酒酵母

一、实验目的

(1) 通过酒母中酵母的筛选实验，熟悉酵母分离纯化。
(2) 熟悉产酒精酵母的 TTC 显色平板等性能筛选实验。

二、实验原理

平板分离培养法（又称稀释分离法），是对微生物进行研究的一种方法，目的在于从自然物上混杂的微生物群体中获得所需要的纯种微生物。分离培养常在固体平板培养基上用划线分离法或液体稀释法或单孢子分离法等进行。

稀释涂布平板法是微生物学实验中的一种操作方法。由于将含菌材料现加到还较烫的培养基中再倒平板易造成某些热敏感菌的死亡，而且采用稀释倒平台法也会使一些严格好氧菌因被固定在琼脂中间缺乏氧气而影响其生长，因此在微生物学研究中更常用的纯种分离方法是涂布平板法。它是将一定浓度、一定量的待分离菌悬液加到已凝固的培养基平板上，再用涂布棒快速地将其均匀涂布，使长出单菌落或菌苔而达到分离或计数的目的。

平板划线分离法是由接种环以无菌操作蘸取少许待分离的材料，在无菌平板表面进行平行划线、扇形划线或其他形式的连续划线，微生物细胞数量将随着划线次数的增加而减少，并逐步分散开来。如果划线适宜的话，微生物能一一分散，经培养后，可在平板表面得到单菌落。

三、实验材料与仪器

(1) 培养基：YPD 培养基，MEB、TTC 显色培养基。
(2) 物料：酵母膏、蛋白胨、葡萄糖、TTC、0.1%吕氏碱性美蓝。
(3) 器材：灭菌锅、恒温培养箱、厌氧培养箱、移液管、涂布棒、接种环，平板、三角瓶、试管(15×150mm)、硅胶塞、杜氏小导管、纱布、报纸。

四、实验步骤

1. 培养基的配制

YPDS 固体培养基(1L):称取酵母膏 10g、蛋白胨 20g、葡萄糖 20g 溶于 1L 的水中,分装到三角瓶中后加入 2%琼脂粉,115℃灭菌 20 分钟;

注:为抑制霉菌菌丝的生长。可在培养基中加入 0.5%~1%的脱氧胆酸钠。YPD 液体培养基(1L):按 YPDS 配方配制,不加琼脂,121℃灭菌 20 分钟;TTC 显色培养基:每 100mL YPDS 培养基中加入 0.05g 的 TTC。

YPD 液体培养基(1L):按 YPDS 配方配制,不加琼脂,121℃灭菌 20 分钟;

TTC 显色培养基:每 100mL YPDS 培养基中加入 0.05g 的 TTC。

2. 酵母的分离纯化

(1)稀释涂布平板法。

①梯度稀释:将酒样混匀后取 1mL 加入 9mL 的无菌水中制成 10^{-1} 浓度梯度,之后从中取出 1mL 再加入 9mL 的无菌水中,浓度梯度为 10^{-2},依次往下推,分别制得 10^{-3}、10^{-4}、10^{-5}、10^{-6} 不同稀释度的菌液(见图 7.4);

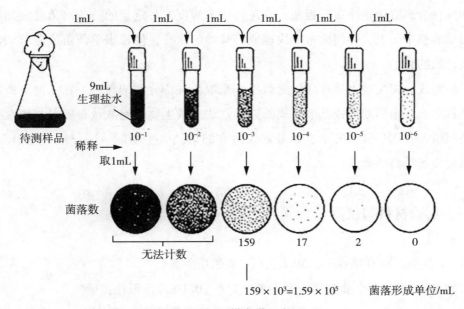

图 7.4 梯度稀释法

②涂布：将稀释得到的 10^{-2}、10^{-3}、10^{-4} 三个梯度的菌液取 0.5mL 到预先倒好的 TTC 显色培养基平板中，沿一个方向均匀地进行涂布，然后将涂布好的平板用报纸包好避光培养，倒置于 28℃ 恒温厌氧培养箱中培养 2~3 天；

(2)曲线划线分离法。

此法多用于含菌量不多的酵母培养物，将培养物直接涂布于培养基的 1/5 处，然后用接种环作曲线连续划线接种(见图 7.5)。

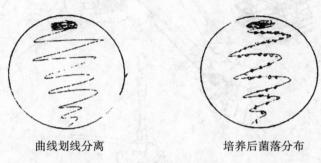

曲线划线分离　　　　　　　培养后菌落分布

图 7.5　曲线划线分离法

(3)三段画线法。

先将菌液滴在原始区，然后用酒精灯为白金耳消毒，用白金耳蘸取原始区菌液轻轻左右刮拭，涂抹至整个平板的 1/2，为一区；然后将平板旋转 90°，用酒精灯为白金耳消毒，蘸取一区的菌液用白金耳轻轻左右刮拭，至剩余的 1/2(即整个平板的 1/4)，为二区；然后将平板旋转 90°，蘸取二区液体，按相同的方法划完剩余的区域，为三区，则达到分离培养的目的(见图 7.6)。

三段划线　　　　　　　　培养后菌落分布

图 7.6　三段画线法

3. 酵母的保藏

将划线纯化后的酵母菌株接种在 YPDS 斜面试管上，用记号笔写上将接种的菌名、日期和接种者，28℃培养 1~2 天，培养好后放置于 4℃冰箱保存(见图 7.7)。

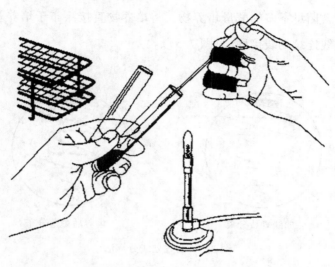

图 7.7　酵母的收藏

五、实验结果

(1)对实验过程中所得到的实验结果进行拍照。

(2)记录所筛选到酵母菌株的颜色分级并进行编号。

六、思考题

(1)涂布之前稀释的目的是什么？

(2)如何获得纯化的微生物菌株？

(3)酵母菌 TTC 筛选的原理是什么？

项目六：林德奈单细胞分离法分离啤酒酵母

一、实验目的

学习酵母菌种的纯种分离技术。

二、实验原理

关于纯种分离，此前实验中已学过稀释分离法和划线分离法，这里不再重复。这两种方法虽然简单，但并不能保证分离所得种的纯度。而单细胞分离法因可用显微镜直接检查，其纯度能得到充分保证。

林德奈单细胞分离法，即小滴培养法，是将酵母菌液充分稀释至每一小滴差不多含一个酵母细胞，然后在显微镜下确证只含一个细胞的小滴，经适当培养后，扩大保存(见图 7.8)。

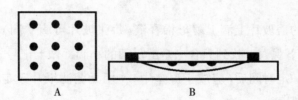

A—盖玻片上小滴点样示意图；B—凹玻片湿室小滴培养示意图

图 7.8　小滴培养示意图

三、实验器材

实验器材有显微镜(见图 7.9)、凹载玻片、计数板、盖玻片等。

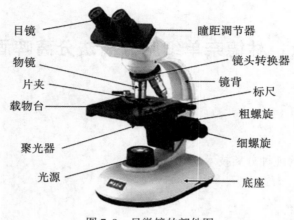

目镜

物镜

片夹

载物台

聚光器

光源

瞳距调节器

镜头转换器

镜背

标尺

粗螺旋

细螺旋

底座

图 7.9 显微镜的部件图

四、实验步骤

(1)取 2 块盖玻片,用分析天平称重(精确至 0.1mg)后,在一块盖玻片(最好用血球计数板的盖玻片)上用毛细滴管滴上 9 滴酵母培养基,合上另一玻片,再称重,计算每滴培养基的体积。

(2)用计数板计数酵母菌,用培养基对其进行高倍稀释,稀释至每滴培养基中大致含一个酵母菌。

(3)在已灭菌的盖玻片上滴上酵母稀释液(每张玻片可滴 9 滴),放于已灭菌的凹载玻片上,显微镜下观察,找到只含一个酵母菌的小滴,做上记号。

(4)30℃培养一定时间后(应放于湿室中),用无菌滤纸片吸走标记的酵母菌,进行扩大培养和菌种保藏。

五、注意事项

因小滴易干,操作时动作要快,培养时要用湿室。

六、思考题

称重时为什么要用两块盖玻片?是否可以用微量移液器(如 1 微升)来代替称重?

项目七：啤酒酵母的计数

一、实验目的

学习用血球计数板计算酵母数量的方法。

二、实验原理

啤酒发酵时，必须接入一定数量的酵母细胞；在发酵过程中，为了跟踪发酵的进程，判断发酵是否正常，也有必要测定悬浮酵母细胞的浓度。酵母菌的计数常用血球计数板方法。血球计数板是一块长方形的玻璃板，被四条凹槽分隔成三个部分，中间部分又被一横槽隔成上下两半，每一半上各刻有一个方格网，方格网的边长为3mm，分为9个正方形大格，每一大格为1mm²，其中中间那个大格被横向和纵向的双线分成25(或16)个中格，每个中格又被单线分成16(或25)个小格，因此一个大格中共有25×16＝400个小格(见图7.10)。这样的一个大格就是一个计数室。由于计数室比板表面要低0.1mm，因此盖上盖玻片后，整个计数室的容积就是0.1mm³，相当于0.0001mL。

计数时，先让计数室中充满待检溶液，然后计数400个小格中的细胞总数，就可换算出1mL发酵液中的总菌数。

三、实验器材

实验器材有显微镜、血球计数板、盖玻片等。

四、实验步骤

(1)取清洁的血球计数板一块，平放于桌面上，在计数室上方加盖专用盖玻片。

(2)取酵母菌液(发酵液)一小滴，滴至盖玻片的边缘，让菌液渗入计数室内，注意计数室内不能留有气泡。

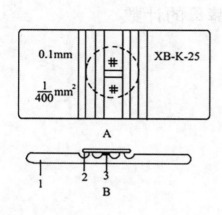

血细胞计数极构造(1)

A—正面图；B—纵切面图

1—血细胞计数板；2—盖玻片；3—计数室

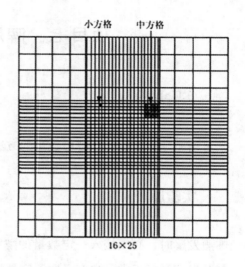

血细胞计数板构造(2)

放大后的方网格，中间大方格为计数室

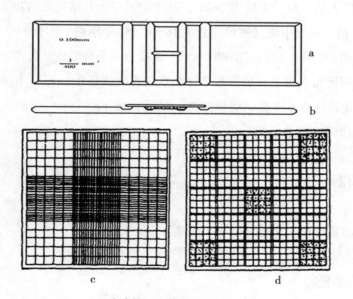

血球计数板的构造(3)(25×16)

a—顶面观；b—侧面观；c—放大后的网络；d—放大后的计数室

图 7.10 血细胞计数板构造图

（3）静置 5 分钟，让酵母细胞稳定附着于计数室内。

（4）将计数板置于显微镜的载物台上，先用低倍镜找到计数板的方格网，并移至视野中间（寻找时可通过缩小光圈、降低聚光镜、开低电源电压等方式减少进光量，使视野稍偏暗）。

（5）找到计数室位置（中间一个大方格），并看清由双线包围的中方格（16 或 25 格）及由单线包围的小方格（共 400 格）。

（6）计算大格内的酵母细胞总数，必要时可在高倍镜下观察。

若酵母细胞过多，可稀释后再计数；有代表性地选择左上、左下、右上、右下、中间五个中方格，计数其内的菌数，求得每个中格的平均值，然后乘以中方格数（25 或 16），即得每个大格内的细胞总数；在上述 5 个中方格中选择处于顶角的 4 个小方格，计数，计算 20 个小方格中的总菌数，再乘以 20，即得大格内的细胞总数。

（7）计算。

酵母细胞数/mL＝大格中的细胞总数×10000×稀释倍数

（8）血球计数板的清洗。

将血球计数板立即用流水冲洗干净，若菌液变干，酵母细胞被固定在计数板上，则很难用流水冲洗干净，必须用优质脱脂棉湿润后轻轻擦洗，再用流水冲洗干净，晾干。

五、注意事项

（1）血球计数板的计数室内刻度非常精细，清洗时切勿用试管刷或其他粗糙物品擦拭。

（2）加样前，应先放好盖玻片，让菌液自然吸入。如果先加菌液，则由于盖玻片较轻，可能会浮在菌液上，这样，计数室内的容积就不再是 0.0001mL 了。因此，为了使结果更加准确，最好不要用普通的盖玻片来替代。

（3）计数时，为避免重复或遗漏，对压在方格线上的细胞，应遵循数上不数下，数左不数右的原则（即凡压在上部或左面线上的细胞，都应计数入内，凡压在下部或右面线上的菌体，都应忽略不计）。对出芽细胞，如果子细胞大于母细胞的一半，则应算作两个细胞。

六、思考题

计数时，发现计数板不干净，怎样快速地清洗计数板？

项目八：啤酒酵母的质量检查

一、实验目的

学习酵母菌种的质量鉴定方法。

二、实验原理

酵母的质量直接关系到啤酒的好坏。酵母活力强，发酵就旺盛；若酵母被污染或发生变异，酿制的啤酒就会变味。因此，不论在酵母扩大培养过程中，还是在发酵过程中，必须对酵母质量进行跟踪调查，以防产生不正常的发酵现象，必要时对酵母进行纯种分离，对分离到的单菌落进行发酵性能的检查。

三、实验器材与试剂

实验器材有显微镜、恒温水浴、温箱、高压蒸汽灭菌锅、带刻度的锥形离心管等。试剂有 0.025%美兰（又称次甲基兰，Methylene blue）水溶液：0.025g 美兰溶于 100mL 水中；pH 值为 4.5 的醋酸缓冲液：0.51g 硫酸钙，0.68g 硫酸钠，0.405g 冰醋酸溶于 100mL 水中；醋酸钾（钠）培养基：葡萄糖 0.06%，蛋白胨 0.25%，醋酸钾（钠）0.5%，琼脂 2%，pH 值为 7.0。

四、实验步骤

1. 显微形态检查

在载玻片上放一小滴蒸馏水，挑酵母培养物少许，盖上盖玻片，在高倍镜下观察。

优良健壮的酵母菌，应形态整齐均匀，表面平滑，细胞质透明均一。年幼健壮的酵母细胞内部充满细胞质；老熟的细胞出现液泡，呈灰色，折光性较强；衰老的细胞中液泡多，颗粒性贮藏物多，折光性强。

2. 死亡率检查

方法同上，可用水浸片法，也可用血球计数板法。酵母细胞用 0.025% 美兰水溶液染色后，由于活细胞具有脱氢酶活力，可将蓝色的美兰还原成无色的美白，因此染不上颜色，而死细胞则被染上蓝色。

一般新培养酵母的死亡率应在 1% 以下，生产上使用的酵母死亡率在 3% 以下。

3. 出芽率检查

出芽率指出芽的酵母细胞占总酵母细胞数的比例。随机选择 5 个视野，观察出芽酵母细胞所占的比例，取平均值。一般生长健壮的酵母在对数生长阶段出芽率可达 60% 以上。

4. 凝集性试验

对下面发酵来说，凝集性的好坏牵涉到发酵的成败。若凝集性太强，酵母沉降过快，发酵度就太低；若凝集性太弱，发酵液中悬浮有过多的酵母菌，对后期的过滤会造成很大的困难，啤酒中也可能会有酵母味。

凝集性可通过本斯试验来确证：将 1g 酵母湿菌体与 10mL pH 值为 4.5 的醋酸缓冲液混合，20℃平衡 20 分钟，加至带刻度的锥形离心管内，连续 20 分钟，每隔 1 分钟记录沉淀酵母的容量。实验后，检查 pH 值是否保持稳定。

一般规定 10 分钟时的沉淀酵母量在 1.0mL 以上者为强凝集性，0.5mL 以下者为弱凝集性。

5. 死灭温度检测

死灭温度可以作为酵母菌种鉴别的一个重要指标，一般来说，培养酵母的死灭温度为 52~53℃，而野生酵母或变异酵母的死灭温度往往较高。

温度试验范围一般为 48~56℃，温度间隔为 1℃或 2℃，在已灭菌的麦汁试管中(内装 5mL 12%麦汁)接入培养 24 小时的发酵液 0.1mL，放于恒温水浴内，每一样品做 3 个平行试验，并在另一同样的试管中放入温度计，待温度计达到所需温度时开始计时，保持 10 分钟后，置冷水中冷却，25℃培养 5~7 天，不能发酵的温度即为死灭温度。

6. 子囊孢子的产生试验

子囊孢子的产生试验也是酵母菌种鉴别的一个重要指标。一般说来，培养酵母不能形成子囊孢子，而野生酵母较易形成子囊孢子。

将酵母菌体接种于醋酸钾培养基上，25℃培养48小时后，用显微镜检查子囊孢子产生情况。

7. 发酵性能测定

酵母的发酵度反映酵母对各种糖类的发酵情况，有些酵母不能发酵麦芽三糖，发酵度就低，有些酵母甚至能发酵麦芽四糖或异麦芽糖，发酵度就高。

将150mL麦汁盛放于250mL三角烧瓶中，灭菌，冷却后加入泥状酵母1g，置25℃温箱中发酵3~4天，每隔8小时摇动一次。发酵结束后，滤去酵母，蒸出乙醇，添加蒸馏水至原体积，测比重(见项目十)。

(1)外观发酵度 $=(P-m)/P×100\%$

式中：P——发酵前麦芽汁浓度

m——发酵液外观浓度(不排除乙醇)

(2)实际发酵度 $=(P-n)/P×100\%$

n——发酵液的实际浓度(排除乙醇后)

一般外观发酵度应为66%~80%，真正发酵度为55%~70%。

说明：啤酒酵母主要有两类：

(1)上面发酵啤酒酵母：进行上面发酵，发酵温度相对较高(15~20℃)，发酵结束后，大部分酵母浮在液面。例如英国著名的淡色爱尔啤酒、世涛黑啤酒等。

(2)下面发酵啤酒酵母：进行下面发酵，发酵温度在10℃左右，发酵结束后，大部分酵母沉于容器底部。例如捷克的皮尔森啤酒、德国的慕尼黑啤酒和多特蒙德啤酒、丹麦的嘉士伯啤酒等，我国的啤酒多属于此类型。

项目九：啤酒酵母的扩大培养

一、实验目的

学习酵母菌种的扩大培养方法，为实验室啤酒发酵准备菌种。

二、实验原理

在进行啤酒发酵之前，必须准备好足够量的发酵菌种。在啤酒发酵中，接种量一般应为麦芽汁量的10%（使发酵液中的酵母量达$1×10^7$个酵母/mL），因此，要进行大规模的发酵，首先必须进行酵母菌种的扩大培养。扩大培养的目的一方面是获得足量的酵母，另一方面是使酵母由最适生长温度（28℃）逐步适应为发酵温度（10℃）。

三、实验器材

恒温培养箱，生化培养箱，显微镜等。

四、实验步骤

本次实验拟用60L麦芽汁，因此应制备6000mL含$1×10^8$个酵母/mL的菌种，以每班10个组计算，每个组应制备约600mL菌种。建议流程见图7.11。

菌种扩大：麦汁斜面菌种→麦汁平板$\xrightarrow{28℃，2天}$镜检，挑单菌落3个，接种50mL
麦汁试管（或三角瓶）$\xrightarrow[每天摇动3次]{20℃，2天}$550mL麦汁三角瓶$\xrightarrow[每天摇动3次]{15℃，2天}$计数备用。

图7.11 实验流程

1. 培养基的制备

取协定法制备的麦芽汁滤液（约400mL），加水定容至约600mL，取50mL装入250mL三角瓶中，另550mL装至1000mL三角瓶中，包上瓶口布后，0.05MPa灭菌30分钟。

2. 菌种扩大培养

按上面流程进行菌种的扩大培养（斜面活化菌种由教师提供）。注意无菌操作。

五、注意事项

灭菌后的培养基会有不少沉淀，这不影响酵母菌的繁殖。若要减少沉淀，可在灭菌前将培养基充分煮沸并过滤。

六、思考题

菌种扩大过程中为什么要慢慢扩大？培养温度为什么要逐级下降？

项目十：实验室啤酒发酵

一、实验目的

熟悉静止培养操作，观察啤酒发酵过程，掌握发酵过程中一些指标的分析操作技能。

二、实验原理

啤酒酵母将麦芽汁发酵，产生酒精等发酵产物（啤酒）。

三、实验器材

（1）100 升发酵罐。

（2）0~10°BX 糖度表。

（3）10~30℃可调生化培养箱。

（4）培养基。

①麦芽汁发酵培养基 10Plato，50L，糖化制取。

②麦芽汁琼脂培养基：麦芽汁加 2% 琼脂，自然 pH 值。

③麦芽汁液体培养基：酵母扩大培养用。

（5）菌种：啤酒生产用酵母菌株。

四、实验步骤

（1）麦汁制备。

（2）酵母菌种分离纯化与质量鉴定。

（3）菌种扩大培养。

（4）啤酒主发酵：麦汁 50L，10°BX，11℃→接种量 1.5×10^7 个细胞/mL→主发酵，

11℃，5~7 天→至 4.0°BX 时结束(嫩啤酒)。在主发酵过程中，每天测定下列项目：糖度、细胞浓度、出芽率、染色率、酸度、α-氨基氮、还原糖、酒精度、pH 值、双乙酰。然后以时间为横坐标，这些指标为纵坐标，叠画于方格纸上。

(5)后发酵。

五、作业要求

(1)画出发酵周期中上述指标的曲线图，并解释它们的变化。

(2)记下操作体会与注意点。

项目十一：小型啤酒酿造设备介绍及发酵罐的空消

一、实验目的

熟悉啤酒酿造工艺流程，对发酵罐进行空消，为发酵作好准备。

二、实验原理

啤酒酿造包括麦芽粉碎、麦汁糖化、麦醪过滤、麦汁煮沸、麦汁冷却及啤酒发酵等几个过程。啤酒发酵是纯种发酵，必须先对空的发酵罐进行灭菌处理。

三、实验器材

粉碎机、糖化煮沸锅、过滤沉淀槽、发酵罐、制冷机、板式换热器等。

四、工艺流程简介

啤酒发酵的工艺流程已在第一章中介绍过，详见图 1.10。

糖化煮沸锅、过滤槽、发酵罐的结构图见图 7.12、图 7.13、图 7.14。

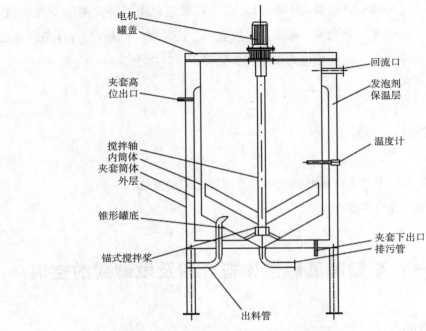

图 7.12　糖化煮沸锅结构图

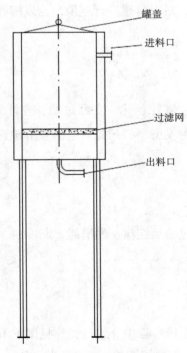

图 7.13　过滤槽结构图

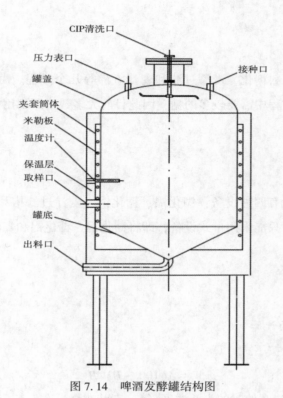

图 7.14 啤酒发酵罐结构图

五、实验步骤

(1)熟悉各项设备。

(2)清洗各项设备。

(3)在回旋沉淀槽、板式换热器、发酵罐中通入蒸汽，消毒 30 分钟。

(4)待各项设备使用结束后，应及时进行清洗灭菌。

项目十二：麦芽汁的制备

一、实验目的

熟悉麦芽汁的制备流程，为啤酒发酵准备原料。

二、实验原理

麦汁制备包括原料糖化、麦醪过滤和麦汁煮沸等几个过程。由于麦芽的价格相对较高，再加上发酵过程中需要较多的糖，因此目前大多数工厂都用大米做辅料。

三、实验器材

在糖化车间一般有四种设备：糊化锅、糖化锅、麦汁过滤槽和麦汁煮沸锅，本实验由于受条件限制，只能采用单式设备，即将糊化锅、糖化锅和麦汁煮沸锅合而为一。

四、实验步骤

1. 糖化用水量的计算

糖化用水量一般按下式计算：

$$W = A(100 - B)/B$$

式中：B——过滤开始时的麦汁浓度(第一麦汁浓度)；

A——100kg 原料中含有的可溶性物质(浸出物重量百分比)；

W——100kg 原料(麦芽粉)所需的糖化用水量(升)。

例：我们要制备 60L 10 度的麦芽汁，如果麦芽的浸出物为 75%，请问需要加入多少麦芽粉？

因为 $W = 75(100-10)/10 = 675(L)$，

即 100kg 原料需 675L 水，则要制备 60L 麦芽汁，大约需要添加 10kg 的麦芽和 60L 左右的水(不计麦芽溶出后增加的体积)。

2. 糖化

糖化是利用麦芽中所含的酶，将麦芽和辅助原料中的不溶性高分子物质，逐步分解为可溶性低分子物质的过程。制成的浸出物溶液就是麦芽汁。

传统的糖化方法主要有两大类：

(1)煮出糖化法：利用酶的生化作用及热的物理作用进行糖化的一种方法。

(2)浸出糖化法：纯粹利用酶的生化作用进行糖化的方法。

本实验采用浸出糖化法。推荐使用如下流程：

35~37℃，保温 30 分钟→50~52℃ 60 分钟→65℃ 30 分钟（至碘液反应基本完全）→76~78℃送入过滤槽。

3. 麦汁过滤

将糖化醪中的浸出物与不溶性麦糟分开，以得到澄清麦汁的过程。由于过滤槽底部是筛板，要借助麦糟形成的过滤层来达到过滤的目的，因此前 30 分钟的滤出物应返回重滤。头号麦汁滤完后，应用适量热水洗糟，得到洗涤麦汁。

4. 麦汁煮沸

将过滤后的麦汁加热煮沸以稳定麦汁成分的过程。此过程中可加入酒花（一种含苦味和香味的蛇麻之花，每 100L 麦汁中添加约 200g）。

煮沸的具体目的主要有：破坏酶的活性；使蛋白质沉淀；浓缩麦汁；浸出酒花成分；降低 pH 值；蒸出恶味成分；杀死杂菌；形成一些还原物质。

添加酒花的目的主要有：赋予啤酒特有的香味和爽快的苦味；增加啤酒的防腐能力；提高啤酒的非生物稳定性。

将过滤的麦汁通蒸汽加热至沸腾，煮沸时间一般控制在 1.5~2 小时，蒸发量达 15%~20%（蒸发时尽量开口，煮沸结束时，为了防止空气中的杂菌进入，最好密闭）。

5. 回旋沉淀及麦汁预冷却

将煮沸后的麦汁从切线方向泵入回旋沉淀槽，使麦汁沿槽壁回旋而下，借以增大蒸发表面积，使麦汁快速冷却，同时由于离心力的作用，使麦汁中的絮凝物快速沉淀。

6. 麦汁冷却

将回旋沉淀后的预冷却麦汁通过薄板冷却器与冰水进行热交换，从而使麦汁冷却到发酵温度。

7. 设备清洗

由于麦芽汁营养丰富，各项设备及管阀件（包括糖化煮沸锅、过滤槽、回旋沉淀槽及板式换热器）使用完毕后，应及时用洗涤液和清水清洗，并蒸汽杀菌。

五、注意事项

（1）若加热、煮沸过程中将蒸汽直接通入麦汁中，则由于蒸汽的冷凝，麦汁量会增加，因此最好用夹套加热的方法。

（2）麦汁煮沸后的各操作步骤应尽可能无菌，特别是各管道及薄板冷却器应先进行杀菌处理。

六、思考题

麦芽粉碎程度会对过滤产生怎样的影响？

项目十三：糖度的测定

一、实验目的

学习用糖锤度计测定糖度的方法。

二、实验原理

麦汁的好坏，将直接关系到啤酒的质量。工业上一般根据啤酒品种的不同来制造不同类型的麦芽汁，因此及时分析麦芽汁的质量，调整麦芽汁制造工艺显得尤为重要。麦汁的主要分析项目有：麦汁浓度、总还原糖含量、氨基氮含量、酸度、色度、苦味质含量等。一般分析项目应在麦汁冷却 30 分钟后取样。样品冷却后，以滤纸过滤，滤液放于灭菌的三角瓶中，低温保藏。全部分析应在 24 小时内完成。

为了调整啤酒酿制时的原麦汁浓度，控制发酵的进程，常常在麦汁过滤后、发酵过程中用简易的糖锤度计法测定麦汁的浓度。

现对糖锤度计这一简单的玻璃仪器作一介绍。

糖锤度计即糖度表，又称勃力克斯比重计。这种比重计是用纯蔗糖溶液的重量百分数来表示比值，它的刻度称为勃力克斯刻度（Brixsale，简写 BX）即糖度，规定在 20℃使用，BX 与比重的关系见表 7-6(20℃)：

表 7-6   **BX 与比重的关系**

比　　重	BX
1.00250	0.641
1.01745	4.439
1.03985	9.956

它们之间有公式可换算，同一溶液若测定温度小于 20℃，则因溶液收缩，比重比
20℃时要高。若液温高于 20℃ 则情况相反。不在 20℃ 液温时测得的数值可从表 7-7 中
查得 20℃时的糖度。我们说某溶液是多少 Brix 值，或多少糖度，应是指 20℃的数值。
若是在 20℃ 以外用糖度表得数值，应加温度说明（显然，如测纯蔗糖溶液，只有在
20℃液温测得的数值是真正表示了含蔗糖的重量百分数）。

表 7-7   **糖锤度与温度校正表（部分）**

温度	1Bx	2Bx	3Bx	4Bx	5Bx	6Bx	7Bx	8Bx	9Bx	10Bx	11Bx	12Bx
15℃	0.20	0.20	0.2	0.21	0.22	0.22	0.23	0.23	0.24	0.24	0.24	0.25
16℃	0.17	0.17	0.18	0.18	0.18	0.18	0.19	0.19	0.20	0.20	0.20	0.21
17℃	0.13	0.13	0.14	0.14	0.14	0.14	0.14	0.15	0.15	0.15	0.15	0.16
18℃	0.09	0.09	0.10	0.10	0.10	0.10	0.10	0.10	0.10	0.10	0.10	0.10
19℃	0.05	0.05	0.05	0.05	0.05	0.05	0.05	0.05	0.05	0.05	0.05	0.05
	－	－	－	－	－	－	－	－	－	－	－	－
20℃	0	0	0	0	0	0	0	0	0	0	0	0
	＋	＋	＋	＋	＋	＋	＋	＋	＋	＋	＋	＋.
21℃	0.04	0.05	0.05	0.05	0.05	0.05	0.05	0.06	0.06	0.06	0.06	0.06
22℃	0.10	0.10	0.10	0.10	0.10	0.10	0.10	0.11	0.11	0.11	0.11	0.11
23℃	0.16	0.16	0.16	0.16	0.16	0.16	0.16	0.17	0.17	0.17	0.17	0.17
24℃	0.21	0.21	0.22	0.22	0.22	0.22	0.22	0.23	0.23	0.23	0.23	0.23
25℃	0.27	0.27	0.28	0.28	0.28	0.28	0.29	0.29	0.30	0.30	0.30	0.30
26℃	0.33	0.33	0.34	0.34	0.34	0.34	0.35	0.35	0.36	0.36	0.36	0.36
27℃	0.40	0.40	0.41	0.41	0.41	0.41	0.41	0.42	0.42	0.42	0.42	0.43
28℃	0.46	0.46	0.47	0.47	0.47	0.47	0.48	0.48	0.49	0.49	0.49	0.50

续表

温度	1Bx	2Bx	3Bx	4Bx	5Bx	6Bx	7Bx	8Bx	9Bx	10Bx	11Bx	12Bx
29℃	0.54	0.54	0.55	0.55	0.55	0.55	0.55	0.56	0.56	0.56	0.57	0.57
30℃	0.61	0.61	0.62	0.62	0.62	0.62	0.62	0.63	0.63	0.63	0.64	0.64
31℃	0.69	0.69	0.70	0.70	0.70	0.70	0.70	0.71	0.71	0.71	0.72	0.72
32℃	0.76	0.77	0.77	0.78	0.78	0.78	0.78	0.79	0.79	0.79	0.80	0.80

Plato 是一种与 BX 相同的表示比重的刻度，也可以用 20℃时纯蔗糖溶液的重量百分数表示。很明确，如 3.9plato 就是指 20℃时的数值，没有（例如）13℃时多少 plato 的含糊叫法，因为只有勃力克斯比重计，没有 plato 比重计，所以不存在各种温度用 plato 比重计去测定的情况，所以它纯粹是一种刻度、一种标准而已。

麦汁浓度常用 BX 表示，有时也用 plato 表示。换算举例：

在 11℃液温用糖表读得啤酒主发酵液为 4.2 糖度，问 20℃的糖度为多少 BX？多少 plato？查表：观测糖锤度温度校正表，11℃时的 4.2 糖度应减去 0.34 得 3.86，即 20℃时为 3.86BX，亦即 3.86plato。

巴林比重计：含义与勃力克斯比重计相同，但规定在 17.5℃使用，而不是在 20℃使用。

糖度表本身作为产品允许出厂误差为 0.2BX，放在啤酒发酵液中指示时，由于二氧化碳上升的冲力使表上升，而读数偏高，故刚从发酵容器取出的样品须过半分钟待二氧化碳溢走后再读数，糖度表一直放在发酵液中作长期观测时，不读数时应设法使其全部没入发酵液中，否则浮在液面的泡盖物质会干结在表上，造成明显的读数偏差。

三、实验器材

实验器材是糖锤度计。

四、实验步骤

取 100mL 麦汁或除气啤酒，放于 100mL 量筒中，放入糖锤度计，待稳定后，从糖锤度计与麦汁液面的交界处读出糖度，同时测定麦汁温度，根据校准值，计算 20℃时的麦汁糖度。若糖度较低，糖度计不能浮起来，可多加一些麦汁，直至糖度计浮在液体中。

五、注意事项

糖锤度计易碎，使用时要格外小心。

六、思考题

试比较勃力克斯与 plato 的异同。

项目十四：啤酒主发酵

一、实验目的

学习啤酒主发酵的过程，掌握酵母发酵规律。

二、实验原理

啤酒主发酵是静止培养的典型代表，是将酵母接种至盛有麦芽汁的容器中，在一定温度下培养的过程。由于酵母菌是一种兼性厌氧微生物，先利用麦芽汁中的溶解氧进行好氧生长，然后利用 EMP 途径进行厌氧发酵生成酒精。显然，同样体积的液体培养基用粗而短的容器盛放比细而长的容器氧更容易进入液体，因而前者降糖较快（所以测试啤酒生产用酵母菌株的性能时，所用液体培养基至少要 1.5m 深，才接近生产实际）。定期摇动容器，既能增加溶氧，也能改善液体各成分的流动，最终加快菌体的生长过程。这种有酒精产生的静止培养比较容易进行，因为产生的酒精有抑制杂菌生长的能力，容许一定程度的粗放操作。由于培养基中糖的消耗，二氧化碳与酒精的产生，比重不断下降，可用糖度表监视。若须分析其他指标，应从取样口取样测定。

三、实验器材

带冷却装置的发酵罐(50L，100L)，若无发酵装置，可将玻璃缸放于生化培养箱中进行微型静止发酵。

四、实验步骤

将糖化后冷却至 10℃ 左右的麦芽汁送入发酵罐，接入酵母菌种(共约 5L)，然后充氧，以利酵母菌生长，同时使酵母在麦汁中分散均匀(充氧，即通入无菌空气，也可在麦汁冷却后进行，一般温度越低，氧在麦汁中的溶解度越大)，待麦汁中的溶解氧饱和后，让酵母进入繁殖期，约 20 小时后，溶解氧被消耗，逐渐进入主发酵。

由于发酵罐密闭，很难看清发酵的整个过程，建议一个组在 1000mL 玻璃缸中进行啤酒主发酵小型试验。具体方法如下：

(1)洗标本缸，缸口用 8 层纱布包扎后，进行高压灭菌；

(2)将协定法糖化得到的麦汁，加水至 600mL，再加葡萄糖使糖度达到 10Bx，灭菌，冷却后摇动充氧，沉淀，将上清液以无菌操作方式倒入已灭菌的标本缸中。

(3)将 50mL 酵母菌种接入，在 10℃ 生化培养箱中发酵，每天观察发酵情况。

(4)主发酵：10℃，7 天至 4.0plato 时结束(嫩啤酒)。一般主发酵整个过程分为酵母繁殖期、起泡期、高泡期、落泡期和泡盖形成期这五个时期。仔细观察各时期的区别。

(5)主发酵测定项目。

接种后取样作第一次测定，以后每过 12 小时或 24 小时测 1 次直至结束。全部数据叠画在 1 张方格纸上，纵坐标为 7 个指标，横坐标为时间。共测定下列几个项目：

①糖度(用糖度表测，并换算成 plato)；

②细胞浓度、出芽率、染色率；

③酸度；

④α-氨基氮；

⑤还原糖；

⑥酒精度；

⑦pH 值；

⑧色度；

⑨浸出物浓度；

⑩双乙酰含量。

（6）作业要求。

①画出发酵周期中上述 10 个指标的曲线图，并解释它们的变化。

②记下操作体会与注意点。

附：发酵液的取样方法：若在发酵罐中发酵，可从取样开关处直接取样（先弃去少量发酵液）。若无取样开关，可用一灭过菌的乳胶管，深入发酵池面下 20cm 处，用虹吸法使发酵液流出，弃去少量先流出的发酵液，然后用一个清洁干燥的三角瓶接取发酵液作样品。

五、注意事项

除少数特殊的测定项目外，应将发酵液在两个干净的大烧杯中来回倾倒 50 次以上，以除去二氧化碳，再经过滤后，滤液用于分析。分析工作应尽快完成。

项目十五：总还原糖含量的测定

一、实验目的

学习用斐林试剂测还原糖的方法。

二、实验原理

斐林试剂由甲、乙液组成，甲液为硫酸铜溶液，乙液为氢氧化钠与酒石酸钾钠溶液。平时甲、乙溶液分开贮存，测定时才等体积混合，混合后，硫酸铜与氢氧化钠反应，生成氢氧化铜沉淀：$2NaOH+CuSO_4 \longrightarrow Cu(OH)_2 \downarrow +Na_2SO_4$。

氢氧化铜因能与酒石酸钾钠反应形成络合物而使沉淀溶解。酒石酸钾钠铜络合物中的二价铜是一个氧化剂，在氧化醛糖和酮糖（合称总还原糖）的同时，自身被还原成一价的红色氧化亚铜沉淀；反应终点用美兰（亚甲基蓝）来指示。由于美蓝的氧化能力较二价铜弱，故待二价铜全部被还原糖还原后，过量一滴还原糖立即使美兰还原成无色的美白。

三、实验器材与试剂

1. 电炉、滴定管等
2. 斐林溶液
甲液：称取 3.4939g 结晶硫酸铜（$CuSO_4 \cdot 5H_2O$），溶于 50mL 水中，如有不溶物须过滤。
乙液：称取 13.7g 酒石酸钾钠，5g NaOH，溶于 50mL 水中，若有沉淀过滤即可。
3. 0.2%标准葡萄糖液
精确称取于 105℃烘至恒重的分析纯葡萄糖 0.5g，用水溶解后，加 2.5mL 浓盐酸，定容成至 250mL。
4. 1%美蓝指示剂
0.5g 美蓝溶于 50mL 蒸馏水中。

四、实验步骤

1. 斐林溶液的标定
由于试剂的纯度不同，配制时称量、定容等有误差，各人所配的斐林试剂氧化能力会有差异，因此有必要对斐林溶液进行校准。配制准确时，斐林甲、乙液各 5mL，可氧化 25mL 0.2%标准葡萄糖溶液。
（1）预滴定：准确吸取斐林甲、乙液各 5mL，放入 250mL 锥形瓶中，加水约 20mL，并从滴定管加入约 24mL 0.2%标准葡萄糖溶液（如果斐林甲、乙液配制非常精确，从理论上说，应消耗 25mL 0.2%标准葡萄糖溶液，故先加 24mL），将锥形瓶置电炉上加热煮沸，维持沸腾 2 分钟，加入 1%美蓝指示剂 2 滴，在沸腾状态下，以每两秒 1 滴的速度滴入 0.2%标准葡萄糖溶液，至溶液刚由蓝色变为鲜红色为止。后滴定操作应在 1 分钟内完成，整个煮沸时间应控制在 3 分钟之内。记下总耗糖量 V。

（2）正式滴定：与预滴定基本相同，只是用（V-1）mL 标准葡萄糖代替 24mL 葡萄糖液，最后在 1 分钟内滴定完成。

2. 试样的滴定

（1）稀释：将样品除气后，进行适当稀释，以期用 15~50mL（最好 20~30mL）稀释液使滴定完成。一般麦汁稀释 50 倍左右，啤酒主酵液稀释 20 倍左右。

（2）滴定：基本同上，也分预滴定和正式滴定。只不过用样品稀释液代替标准葡萄糖液，由于预滴定时不知道需要多少毫升稀释液，因此误差较大。正式滴定时先加入比预滴定少 1mL 的稀释液。正式滴定至少进行 2 次。

计算总还原糖量，以 100mL 样品中含有的葡萄糖克数来表示。

五、注意事项

（1）指示剂美蓝本身具有弱氧化性，要消耗还原糖，所以每次用量应保持一致。

（2）次甲基蓝被还原为无色后，易被空气氧化又显蓝色，所以滴定过程应保持沸腾状态，使瓶内不断冒出水蒸气，以防空气进入。

（3）反应过程中不能摇动锥形瓶，沸腾已可使溶液混匀。

（4）测定时须严格控制反应液体积，以保持一致的酸碱度。因此要控制电炉火力及滴定速度。

六、思考题

为什么要进行预滴定？

项目十六：α-氨基氮含量的测定

一、实验目的

学习 α-氨基氮含量的测定方法，控制麦汁或啤酒质量。

二、实验原理

α-氨基氮为 α-氨基酸分子上的氨基氮。水合茚三酮是一种氧化剂，可使氨基酸脱羧氧化，而本身被还原成还原型水合茚三酮。还原型水合茚三酮再与未还原的水合茚三酮及氨反应，生成蓝紫色缩合物，颜色深浅与游离 α-氨基氮含量成正比，可在 570nm 下比色测定。

三、实验器材与试剂

1. 分光光度计、电炉等
2. 显色剂

称取 10g $Na_2HPO_4 \cdot 12H_2O$，6g KH_2PO_4，0.5g 水合茚三酮，0.3g 果糖，用水溶解并定容至 100mL（pH6.6~6.8），棕色瓶低温保存，可用两周。

3. 碘酸钾稀释液

溶 0.2g 碘酸钾于 60mL 水中，加 40mL 95%乙醇。

4. 标准甘氨酸贮备溶液

准确称取 0.1072g 甘氨酸，用水溶解并定容至 100mL，0℃保存。用时 100 倍稀释。

四、实验步骤

1. 样品稀释

适当稀释样品至含 1~3μg α-氨基氮/mL（麦汁一般稀释 100 倍，啤酒 50 倍，啤酒应先除气）。

2. 测定

取 9 支 10mL 比色管，其中 3 支吸入 2mL 甘氨酸标准溶液，另 3 支各吸入 2mL 试样稀释液，剩下 3 支吸入 2mL 蒸馏水。然后各加显色剂 1mL，盖玻塞，摇匀，在沸水浴中加热 16 分钟。取出，在 20℃冷水中冷却 20 分钟，分别加 5mL 碘酸钾稀释液，摇匀。在 30 分钟内，以水样管为空白，在 570nm 波长下测各管的光密度。

3. 计算

α-氨基氮含量（μg/mL）=（样品管平均 O.D./标准管平均 O.D.）×2×稀释倍数

4. 说明

式中：（样品管平均 O.D./标准管平均 O.D.）：表示样品管与标准管之间的 α-氨基氮之比。

标准管的 α-氨基氮浓度（μg/mL），即（0.1072×14/75）×100。

五、注意事项

（1）必须严防任何外界痕量氨基酸的引入，所用比色管必须仔细洗涤，洗净后的手只能接触管壁外部，移液管不可用嘴吸。

（2）测定时加入果糖作为还原性发色剂，碘酸钾稀释液的作用是使茚三酮保持氧化态，以阻止进一步发生不希望的生色反应。

（3）深色麦汁或深色啤酒应对吸光度作校正：取 2mL 样品稀释液，加 1mL 蒸馏水和 5mL 碘酸钾稀释液在 570nm 波长下以空白做对照测吸光度，将此值从测定样品吸光度中减去。

六、思考题

啤酒色泽是否会对结果产生影响？

七、附加内容分光光度计的使用

现以 SP-2000UV 紫外可见分光光度计为例介绍使用方法。

（1）接通电源，预热 20 分钟，使仪器进入热稳定状态，仪器开始自检；

（2）自检结束后，仪器自动停留在 546nm 处，并自动调 100%T 和 0%T，当仪器显示"546""100%T"，即进入测试状态；

（3）按方式键（MODE），将测试方式设定为吸光度方式，仪器显示"XXXnm，X.XXXAbs"；

（4）按波长设置键至所需要波长，如 570nm；

（5）将参比溶液和被测溶液分别倒入比色杯中，插入比色槽中，盖上样品室盖；

（6）将参比溶液推入光路中，按"100%T"键调整"0Abs"；

（7）将被测溶液推入光路中，读取显示器上的吸光度值；

（8）搞好清洁卫生工作。

注意：比色杯贵重，应格外小心。

项目十七：酸度和 pH 值的测定

一、实验目的

掌握酸度和 pH 值的测定方法，监测啤酒发酵的进程。

二、实验原理

总酸是指样品中能与强碱（NaOH）作用的所有物质的总量，用中和每升样品（滴定至 pH 值为 9.0）所消耗的 1N NaOH 的毫升数来表示，但在啤酒发酵液的测定过程中常用中和 100mL 除气发酵液所需的 1N NaOH 的毫升数来表示。

啤酒中含有各种酸类约 100 种以上，生产原料、糖化方法、发酵条件、酵母菌种都会影响啤酒中的酸含量。其中包括挥发性的（甲酸、乙酸），低挥发性的（C_3、C_4、异 C_4、异 C_5、C_6、C_8、C_{10} 等脂肪酸）和不挥发性的（乳酸、柠檬酸、琥珀酸、苹果酸以及氨基酸、核酸、酚酸等）各种酸类。适宜的 pH 值和适量的可滴定总酸，能赋予啤酒以柔和清爽的口感；同时这些酸及其盐类也是酒中重要的缓冲物质，有利于各种酶的作用。

由于样品有多种弱酸和弱酸盐，有较大的缓冲能力，滴定终点 pH 值变化不明显，再加上样品有色泽，用酚酞做指示剂效果不是太好，最好采用电位滴定法。

三、实验器材与试剂

1. 自动电位滴定仪，或普通碱式滴定管，pH 计

2. 0.1mol/L NaOH 标准溶液（精确至 0.0001mol/L）

3. 0.05%酚酞指示剂

0.05g 酚酞溶于 50%的中性酒精（普通酒精常含有微量的酸，可用 0.1mol/L NaOH

溶液滴定至微红色即为中性酒精)中，定容至 100mL。

四、实验步骤

1. 酸度测定

取 50mL 除气发酵液，置于烧杯中，加入磁力搅拌棒，放于自动电位滴定仪上，插入 pH 计探头，逐滴滴入 0.1mol/L NaOH 标准溶液，直至 pH 值为 9.0，记下耗去的 NaOH 毫升数。

若无自动电位滴定仪，可用下述酸碱滴定方法。

取 5mL 除气发酵液，置于 250mL 三角瓶中，加 50mL 蒸馏水，再加 1 滴酚汰指示剂，用 0.1mol/L 氢氧化钠标准溶液滴定至微红色(不可过量)经摇动后不消失为止，记下消耗的氢氧化钠溶液的体积 V/mL。

计算：总酸(1mol/L NaOH 毫升数/100mL 样品) $= 20MV$

式中：M 为 NaOH 的实际摩尔浓度，V 为消耗的氢氧化钠溶液的体积。

2. pH 值测定

现以 PHS-3C 型精密 pH 计为例来说明 pH 值的测定方法。

PHS-3C 型 pH 计是一种精密数字显示 pH 计，它采用 3 位半十进制 LED 数字显示。在使用前应在蒸馏水中浸泡 24 小时。接通电源后，先预热 30 分钟，然后进行标定。一般说来，仪器在连续使用时，每天要标定一次。

(1)选择开关旋至 pH 档；

(2)调节温度补偿至室温；

(3)把斜率调节旋钮顺时针旋到底(即调到 100% 位置)；

(4)将洗净擦干的电极插入 pH 值为 6.86 的缓冲液中，调节定位旋钮至 6.86；

(5)用蒸馏水清洗电极，擦干，再插入 pH 值为 4.00 的标准缓冲液中，调节斜率至 pH4.00；

(6)重复(4)，(5)，直至不用再调节定位和斜率两旋纽为止。

(7)清洗电极，擦干，将电极插入发酵液中，摇动烧杯，使均匀接触，在显示屏中读出被测溶液的 pH 值。

(8)关闭电源，清洗电极，并将电极保护套套上，套内应放少量补充液以保持电极球泡的湿润，切忌浸泡于蒸馏水中。

五、注意事项

发酵液中的二氧化碳必须彻底去除。

0.1mol/L NaOH 必须经过标定，保留 4 位有效数。

六、思考题

酸碱滴定时为什么要用水稀释？水的酸碱度对滴定结果有什么影响？

项目十八：比重的测定

一、实验目的

了解比重的测定方法，监测发酵过程中浸出物浓度的变化。

二、实验原理

在一定温度下，各种物质都有一定的比重。当物质纯度改变时，比重也随着改变，故测定比重可检验物质的纯度或溶液的浓度。如在啤酒发酵中，随着糖分的消耗、酒精和二氧化碳的产生，比重会逐渐下降，因此可通过测定发酵液的比重来了解发酵过程。

溶解于水中的固体物质称为固形物，以重量百分浓度表示。在啤酒发酵液中，固形物的含量常以蔗糖的重量百分比来表示。但是发酵液固形物还包括许多非糖成分，这些非糖成分对溶液比重的影响与蔗糖不一样，但为了方便起见，可假定非糖物质对溶液比重的影响程度和蔗糖相等。因此，根据比重查知的固形物含量实际上只是一个近似值。

麦汁和啤酒发酵液样品20℃的比重规定为：在空气中，20℃样品与同体积20℃水的重量之比值。

三、实验仪器

测定比重常用的是比重瓶和比重计。比重计方便，但精确度低；比重瓶精确，但测定很费时。比重瓶有多种的形状，常用的规格为 25mL，比较好的一种是带有特制温度计并具有磨口帽小支管的比重瓶（见图 7.15）。比重以相同温度下，同体积的溶液和纯水之间的重量比来表示。

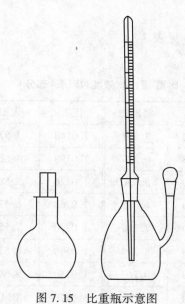

图 7.15　比重瓶示意图

四、实验步骤

1. 空瓶称重

将比重瓶洗干净后，吹干或低温烘干（可用少量酒精或乙醚洗涤），冷却至室温，精确称重至 0.1mg。

2. 称水重

将煮沸 30 分钟并冷却至 15~18℃的蒸馏水装满比重瓶（注意瓶内不要有气饱）。装上温度计。立即浸入 20±0.1℃的恒温水浴中，让瓶内温度计在 20℃下保持 20 分钟，取出比重瓶用滤纸吸去溢出支管外的水,立即盖上小帽,室温下平衡温度后,擦干瓶壁上的水,精确称重。

3. 样品称重

倒出蒸馏水,用少量除气样品洗涤后,加入冷却至 15~19℃ 的样品,按上一步测得样品重量。

4. 比重计算

$$样品比重 = \frac{比重瓶和样品重 - 空瓶重}{比重瓶和蒸馏水重 - 空瓶重}$$

5. 查表

查阅比重-浸出物对照表(见表 7-8)。

表 7-8   比重-浸出物浓度对照表(部分)

比重	浸出物	比重	浸出物	比重	浸出物	比重	浸出物
1.0120	3.067	1.0130	3.331	1.0140	3.573	1.0150	3.826
1.0160	4.077	1.0170	4.329	1.0180	4.580	1.0190	4.830
1.0200	5.08	1.0210	5.330	1.0220	5.580	1.0230	5.828
1.0240	6.077	1.0250	6.325	1.0260	6.572	1.0270	6.819
1.0280	7.066	1.0290	7.312	1.0300	7.558	1.0310	7.803
1.0320	8.048	1.0330	8.293	1.0340	8.537	1.0350	8.781
1.0360	9.024	1.0370	9.267	1.0380	9.509	1.0390	9.751
1.0400	9.993	1.0410	10.234	1.0420	10.475	1.0430	10.716
1.0440	10.995	1.0450	11.195	1.0460	11.435	1.0770	11.673

注:比重为 20℃ 时测得,浸出物指 100g 样品中的克数。

五、啤酒外观浓度和实际浓度的测定

成品啤酒或发酵液中所含的浸出物的重量百分数称为浓度。由于啤酒和发酵液中有一部分酒精,酒精比水轻,故采用比重法测得的浓度,要稍低于实际浓度,习惯上称为外观浓度。将酒精和二氧化碳除去后测得的浓度称为实际浓度。因此实际浓度较为准确,并可以此来计算原麦芽汁浓度。

（1）外观浓度的测定：同上。

（2）实际浓度的测定：在普通天平上用干燥的烧杯称取已除二氧化碳的发酵液或啤酒样品 100g，置 80℃ 水浴中蒸发酒精，蒸至原体积的 1/3 时，冷却，加蒸馏水至内容物 100g，充分混匀，用比重瓶准确测定 20℃ 时的比重，查表求得实际浓度。加热过程中可能有蛋白质沉淀，测定比重时不必滤出。有时为简化操作，常将测定酒精分时蒸馏下的残液加水至原重量，作测定实际浓度之用。该法由于沸腾时间较长，对测定结果有一定影响。

我国部颁标准规定：11 度啤酒实际浓度不低于 3.9%，12 度啤酒不低于 4.0%。

六、注意事项

（1）比重瓶易碎，应格外小心，特别是小帽。

（2）要擦干比重瓶外壁，特别是连接处的水分。

七、思考题

若无 20℃ 恒温水浴，怎样尽可能测准比重？

项目十九：酒精度的测定及原麦汁浓度的计算

一、实验目的

掌握酒精含量的测定方法，监测啤酒质量。

二、实验原理

用小火将发酵液或啤酒中的酒精蒸馏出来，收集馏出液，测定其比重，根据比重-酒精度对照表，可查得酒精含量。

三、实验器材

电炉，调压变压器，铁架台，500mL 锥形瓶，冷凝管，100mL 量筒或容量瓶。

四、实验步骤

1. 酒精度的测定

(1)在已精确称重至 0.05g 的 500mL 三角烧瓶中，称取 100g 除气啤酒，再加 50mL 水。

(2)安上冷凝器，冷凝器下端用一个已知重量的 100mL 容量瓶或量筒接收馏出液。若室温较高，为了防止酒精蒸发，可将容量瓶浸于冷水或冰水中。

(3)开始蒸馏时用文火加热，沸腾后可加强火力，蒸馏至馏出液接近 100mL 时停止加热。

(4)取下容量瓶，于普通天平上加蒸馏水至馏出液重 100g，混匀。

(5)用比重瓶精确测定溜出液比重。

(6)查比重和酒精对照表，求得酒精含量。

我国部颁标准规定 11 度啤酒的酒精含量不低于 3.2%，12 度啤酒的酒精含量不低于 3.5%。

2. 实际浓度的测定

(1)将上述蒸去酒精的 500mL 三角烧瓶冷却至室温。

(2)加蒸馏水将蒸馏残液调整至 100g。

(3)测定蒸馏残液在 20℃时的比重。

(4)查比重-浸出物对照表，得出实际浓度。

3. 原麦芽汁浓度的计算

原麦芽汁浓度是指发酵之前的麦芽汁浓度。生产中为检查发酵是否正常，常根据啤酒的实际浓度来推算原麦汁浓度和发酵度。

根据巴林氏的研究，在完全发酵时，每 2.0665g 浸出物可生成 1g 酒精、0.9565g 二氧化碳和 0.11g 酵母。若测得啤酒的酒精含量(重量百分比)为 A，实际浓度为 n，则 100 克啤酒发酵前含有浸出物的克数应为：$A \times 2.0665 + n$。

生成 A 克酒精，即从原麦汁中减少 $A \times 1.0665$ 克浸出物(二氧化碳和酵母沉淀物)。

要生成 100 克啤酒，需原麦汁为：$(100 + A \times 1.0665)$g。

原麦汁浓度 P 为：$P = (A \times 2.0665 + n)/(100 + A \times 1.0665)$。

我国部颁标准规定：11 度啤酒原麦汁浓度为 10.8% ~ 11.2%，12 度啤酒为 11.8% ~ 12.2%。

若计算所得的原麦汁浓度与发酵之前的麦汁浓度相符，说明发酵正常；若计算所得的原麦汁浓度与发酵之前的麦汁浓度不符，说明发酵不正常，可能有野生酵母或细菌污染。

4. 发酵度的计算

麦芽汁发酵后浸出物减少的百分数称为发酵度。有两种：

(1) 外观发酵度 $= (P-m)/P \times 100\%$

式中：P——原麦芽汁浓度；

　　　m——啤酒的外观浓度。

(2) 实际发酵度 $= (P-n)/P \times 100\%$

式中：n——啤酒的实际浓度。

浅色啤酒根据其实际发酵度可分为三个类型：低发酵度：50%左右，往往使啤酒保存性差；中发酵度：60%左右，较合适；高发酵度：65%左右，较合适。

五、注意事项

(1) 蒸馏时火力不要太旺，最好有调压器调节电压。

(2) 测真正浓度时，最好用 80℃ 水浴将酒精蒸去。

六、思考题

是否可以在馏出液接近 90mL 时停止蒸馏？如果馏出液大于 100mL，会对结果产生怎样的影响？

项目二十：双乙酰含量的测定

一、实验目的

了解双乙酰的测定方法，监测啤酒质量。

二、实验原理

双乙酰(丁二酮)是赋予啤酒风味的重要物质。但含量过大，能使啤酒有一种馊饭味。轻工部部颁标准规定成品啤酒中双乙酰含量小于 0.2ppm。

双乙酰的测定方法有气相色谱法、极谱法和比色法等。邻苯二胺比色法是连二酮类都能发生显色反应的方法，所以，此法测得之值为双乙酰与戊二酮的总量，结果偏高。但此法快速简便，是轻工部部颁标准规定的方法。

用蒸汽将双乙酰从样品中蒸馏出来，加邻苯二胺，形成 2，3-二甲基喹喔啉，其盐酸盐在 335nm 波长下有一个最大吸收峰，可进行定量测定。

三、实验仪器与试剂

1. 紫外分光光度计
2. 双乙酰蒸馏装置(见图 7.16)
3. 4N 盐酸

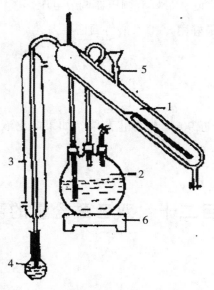

1—夹套蒸馏器；2—蒸汽发生器；3—冷凝器；4—25mL 容量瓶(或量筒)；5—加样口；6—电炉

图 7.16 双乙酰蒸馏装置示意图

4. 1%邻苯二胺

精密称取分析纯邻苯二胺 250.0mg，溶于 4N 盐酸中，并定容至 25mL，贮于棕色瓶中，限当日使用。

5. 消泡剂

有机硅消泡剂或甘油聚醚。

四、实验步骤

(1)按上图把双乙酰蒸馏器安装好，把夹套蒸馏器下端的排气夹子打开。

(2)将内装 2.5mL 蒸馏水的容量瓶(或量筒)放于冷凝器下，使出口尖端浸没在水面下，外加冰水冷却。

(3)加热蒸汽发生器至沸，通汽加热夹套，备用。

(4)于 100mL 量筒中加入 2~4 滴消泡剂，再注入 5℃左右未除气啤酒 100mL。

(5)待夹套蒸馏器下端冒大汽时，打开进样口瓶塞，将啤酒迅速注入蒸馏器内，再用约 10mL 蒸馏水冲洗量筒，同时倒入，迅速盖好进样口塞子，用水封口。

(6)待夹套蒸馏器下端再次冒大汽时，将排气夹子夹住，开始蒸馏，到馏出液接近 25mL 时取下容量瓶，用水定容至 25mL，摇匀(蒸馏应在 3 分钟内完成)。

(7)分别吸取馏出液 10mL 于两支比色管中。一管作为样品管加入 0.5mL 邻苯二胺溶液，另一管不加作空白，充分摇匀后，同时置于暗处放置 20~30 分钟，然后于样品管中加 2mL4N 盐酸溶液，于空白管中加 2.5mL4N 盐酸溶液，混匀。

(8)在 335nm 波长处，用 2cm 比色皿以空白作对照测定样品吸光度。

(9)计算：双乙酰(mg/L) = $A_{335} \times 1.2$。

五、注意事项

(1)蒸馏时加入试样要迅速，勿使双乙酰损失。蒸馏要求在 3 分钟内完成。

(2)严格控制蒸汽量，勿使泡沫过高，被蒸汽带走而导致蒸馏失败。

(3)显色反应在暗处进行，否则导致结果偏高。

六、思考题

是否可以用 1cm 比色杯比色？结果应怎样计算？

项目二十一：色度的测定

一、实验目的

了解用目视比色法测定啤酒色度的方法，监测发酵液的质量。

二、实验原理

色泽与啤酒的清亮程度有关，是啤酒的感官指标之一。啤酒依色泽可分为淡色、浓色和黑色等几种类型，每种类型又有深浅之分。淡色啤酒以浅黄色稍带绿色为好，给人以愉快的感觉。

形成啤酒颜色的物质主要是类黑精、酒花色素、多酚、黄色素以及各种氧化物，浓黑啤酒中还有多量的焦糖。淡色啤酒的色素主要取决于原料麦芽和酿造工艺，深色啤酒的色泽来源于麦芽，另外也须添加部分着色麦芽或糖色；黑啤酒的色泽则主要依靠焦香麦芽、黑麦芽或糖色所形成。

造成啤酒色深的因素有如下几种：(1)麦芽煮沸色度深；(2)糖化用水 pH 值偏高；(3)糖化、煮沸时间过长；(4)洗糟时间过长；(5)酒花添加量大、单宁多，酒花陈旧；(6)啤酒含氧量高；(7)啤酒中铁离子偏高。

对淡色啤酒来说，其颜色与稀碘液的颜色比较接近，因此可用稀碘液的浓度来表示。色度的 Brand 单位就是指滴定到与啤酒颜色相同时 100mL 蒸馏水中需添加的 0.1mol/L 碘液的毫升数。

淡色啤酒的色度最好为 5~9.5EBC，要控制好啤酒的色度，应注意以下几点：

(1)选择麦汁煮沸色度低的优质麦芽，适当增加大米用量，使用新鲜酒花，选用软水，对暂硬高的水应预先处理。

(2)糖化时适当添加甲醛，调酸控制 pH 值，尤其煮沸时应控制 pH 值为 5.2。

(3)严格控制糖化、过滤、麦汁煮沸时间，不得延长，冷却时间宜为 60 分钟。

(4)防止啤酒吸氧过多，严格控制瓶颈空气含量，巴氏灭菌时间不能太长。

EBC 法与 Brand 法色度单位的比较见表 7-9。

表 7-9 **EBC 法与 Brand 法色度单位的比较**(部分)

EBC	Brand	EBC	Brand	EBC	Brand	EBC	Brand	EBC	Brand
2.0	0.11	2.5	0.14	3.0	0.17	3.5	0.21	4.0	0.23
4.5	0.27	5.0	0.30	5.2	0.31	5.4	0.32	5.6	0.34
5.8	0.35	6.0	0.36	6.2	0.37	6.4	0.39	6.6	0.40
6.8	0.41	7.0	0.43	7.2	0.44	7.4	0.45	7.6	0.47
7.8	0.48	8.0	0.49	8.2	0.51	8.4	0.52	8.6	0.53
9.0	0.56	9.2	0.58	9.4	0.59	9.6	0.60	10	0.62
12	0.78	14	0.93	16	1.1	18	1.3	20	1.4

三、实验器材

1. 100mL 比色管，白瓷板，吸管等
2. 0.1N 碘标准溶液：经标定，精确至 0.0001N

四、实验步骤

(1)取 2 支比色管，一支中加入 100mL 蒸馏水，另一支中加入 100mL 除气啤酒发酵液(或麦芽汁、啤酒)，面向光亮处，立于白瓷板上。

(2)用 1mL 移液管吸取 1mL 碘液，逐滴滴入装水比色管中，并不断用玻棒搅拌均匀，直至从轴线方向观察其颜色与样品比色管相同为止，记下所消耗的碘液毫升数(准确至小数后第二位)。

(3)样品的色度＝10NV。

五、注意事项

(1)若用 50mL 比色管，结果乘以 2；

(2)不同样品须在同等光强下测定，最好用日光灯或北部光线，不可在阳光下测定。

(3)麦汁应澄清，可经过滤或离心后测定。

六、思考题

对色泽较深的麦汁，应怎样处理？

项目二十二：苦味质的测定

一、实验目的

了解用分光光度计测定苦味质的方法，监测发酵液的质量。

二、实验原理

发酵液或啤酒中苦味物质的主要成分是异 α-酸，在酸性条件下可被异辛烷萃取，在 275nm 波长下有最大吸收值，可用紫外分光光度计测定。

三、实验器材

1. 紫外分光光度计，离心机，回旋振荡器等
2. 试剂 6N HCl

270mL HCl 用重蒸馏水稀释至 500mL。

3. 异辛烷

光谱级，要求在 275nm 下的吸光度低于 0.01，否则应按下法提纯后再用：在异辛烷中加入 1%（w/v）氢氧化钠颗粒，静置过夜，而后在通风柜中蒸馏，注意防火。

四、实验步骤

（1）取 5mL 20℃麦汁或 10mL 除气啤酒（混浊样品须先通过离心澄清），放入 35mL 离心管中；

（2）加入 0.5mL 6N HCl 和 20mL 异辛烷，放入 2~3 个玻璃珠，盖上盖子，在 20℃ 回旋振荡器（130 转/分钟）中振荡 15 分钟；

（3）3000 转/分钟离心 3 分钟；

（4）以异辛烷作对照，在 275nm 下用 1cm 石英比色杯测上层清液的吸光度。

计算：苦味质 $= A_{275} \times 50$（个单位）。

五、注意事项

（1）异辛烷提纯时，要在通风柜中蒸馏，注意防火，切勿蒸干；

（2）啤酒或发酵液应将气除尽。

六、思考题

对浑浊样品是否可通过过滤来澄清？

项目二十三：二氧化碳含量的测定

一、实验目的

熟悉测定啤酒及发酵液中二氧化碳含量的方法。

二、实验原理

二氧化碳是赋予啤酒起泡性和杀口力的重要物质，发酵液或啤酒中二氧化碳含量的测定方法有压力表法、水银测压计法及电位滴定法等几种。电位滴定法是利用二氧化碳可被 NaOH 吸收生成 Na_2CO_3 这一原理，用 HCl 来滴定生成的 Na_2CO_3。滴定至 pH 值为 8.31 时，Na_2CO_3 转变成 $NaHCO_3$：

$$Na_2CO_3 + HCl \rightarrow NaHCO_3 + NaCl$$

滴定终点用酸度计来指示。

三、实验器材

1. 电位滴定计或附有电磁搅拌器的酸度计

2. 试剂

0.1mol/L NaOH 溶液（不用准确标定）及 0.1mol/L HCl（需用无水 Na_2CO_3 准确标定）。

四、实验步骤

(1)取冷啤酒或发酵液 20mL，边搅拌边加至盛有 30~40mL NaOH 的烧杯中；

(2)将电极浸入溶液中，用 0.1mol/L HCl 标准溶液滴定至 pH 值为 8.31，记录酸用量 V_1；

(3)取 100mL 酒样在沸水浴中短时煮沸以赶走二氧化碳，冷却后同样取 20mL，用 0.1mol/L HCl 标准溶液滴定至 pH 值为 8.31，记录酸用量 V_2；

(4)用 20mL 无二氧化碳的蒸馏水代替样品，同样滴定至 pH 值为 8.31，记录酸用量 V；

(5)计算：二氧化碳(CO_2,%)= $(V-V_1-V_2)N×0.044×100÷20$

式中：0.044 为每毫摩尔二氧化碳之克数。

五、注意事项

发酵液中的二氧化碳在温度高时易蒸发，实验尽可能在低温下进行。特别是在加样品时移液管应浸入 NaOH 溶液中。

项目二十四：后发酵

一、实验目的

了解啤酒后发酵的工艺操作特点。

二、实验原理

主发酵结束后的啤酒尚未成熟，称为嫩啤酒，必须经过后发酵过程才能饮用。后发酵在 0~2℃下利用酵母菌本身的特性去除嫩啤酒的异味，使啤酒成熟。

三、实验步骤

当发酵罐中的糖度下降至 4.0~4.5BX 时，开始封罐，并将发酵温度降至 2℃左右，8~12 天后，罐压升至 0.1MPa，说明已有较多二氧化碳产生并溶入酒中，即可饮用。若要酿制更加可口的啤酒，后发酵温度应降低，时间应延长。

如果没有后酵罐，可用下述办法处理。

(1)选取耐压瓶子，清洗，消毒灭菌。

(2)将嫩啤酒虹吸灌入，装量约为容积的 90%，注意不要进入太多氧气。

(3)盖紧盖子，放于 0~2℃冰箱中后酵 3 个月。

四、注意事项

(1)因后酵会产生大量气体，不能选用不耐压的玻璃瓶，以免危险。

(2)不要吸入太多氧气，瓶子上端不要留有太多空气，否则啤酒会带严重氧化味。

五、思考题

酵母凝聚性会对后酵产生怎样的影响？

项目二十五：啤酒质量品评

一、实验目的

了解品酒方法，品评各种类型啤酒。

二、实验原理

啤酒是一个成分非常复杂的胶体溶液。啤酒的感官性品质同其组成有密切的关系。啤酒中的成分除了水以外，主要由两大类物质组成：一类是浸出物，另一类是挥发性成分。浸出物主要包括碳水化合物、含氮化合物、甘油、矿物质、多酚物质、苦味物质、有机酸、维生素等；挥发性组分包括乙醇、二氧化碳、空气、高级醇类、酸类、醛类、连二酮类等。由于这些成分的不同和工艺条件的差别，造成了啤酒感官性品质的异同。所谓评酒就是通过对啤酒的滋味、口感以及气味的整体感觉来鉴别啤酒的风味质量。评酒的要求很高，如统一用内径 60mm、高 120mm 的毛玻璃杯，酒温以 10~12℃为宜，一般从距杯口 3cm 处倒入，倒酒速度适中。评酒以百分制计分：外观 10 分，气味 20 分，泡沫 15 分，口味 55 分。

良好的啤酒，除理化指标必须符合质量标准外，还必须满足以下的感官性品质要求(这些感官特性，只能抽象地加以表达)。

(1)爽快：指有清凉感，利落的良好味道，即爽快、轻快、新鲜。

(2)纯正：指无杂味。亦表现为轻松、愉快、纯正、细腻、无杂臭味、干净等。

(3)柔和：指口感柔和，亦指表现力温和。

(4)醇厚：指香味丰满，有浓度，给人以满足感。亦表现为芳醇、丰满、浓醇等。啤酒的醇厚，主要由胶体的分散度决定，因此醇厚性在很大程度上与原麦汁浓度有关。但浸出物低的啤酒有时会比含量高的啤酒口味更丰满，发酵度低的啤酒并不醇厚，而发酵度高的啤酒多是醇厚的，其酒精含量高也参与了醇厚性。泡持性好的啤酒，同时也是醇厚的啤酒。

(5)澄清有光泽，色度适中。无论何种啤酒应该澄清有光泽，无混浊，不沉淀。色度是确定酒型的重要指标，如淡色啤酒、黄啤酒、黑啤酒等，可以外观直接分类。不同类型的啤酒有一定的色度范围。

(6)泡沫性能良好。淡色啤酒倒入杯中时应升起洁白细腻的泡沫，并保持一定的时间。如果是含铁多或过度氧化的啤酒，有时泡沫会出现褐色或红色。

(7)有再饮性。啤酒是供人类饮用的液体营养食品，好的啤酒会让人感到易饮，无论怎么饮都不腻。

三、实验器材

实验器材有啤酒、玻璃杯等。

四、实验步骤

(1)将啤酒降温至 10~12℃；

(2)开启瓶盖，将啤酒自 3cm 高处缓慢倒入玻璃杯内；

(3)在干净、安静的室内按表 7-10 进行啤酒品评。

表 7-10　　　　　　　　　　　　　　淡色啤酒的给分扣分标准

类别	项目	满分要求	缺点	扣分标准	样品
外观 10 分	透明度 5 分	迎光检查，清亮透明无悬浮物或沉淀物	清亮透明	0	
			光泽略差	1	
			轻微失光	2	
			有悬浮物或沉淀	3~4	
			严重失光	5	
	色泽 5 分	呈淡黄绿色或淡黄色	色泽符合要求	0	
			色泽较差	1~3	
			色泽很差	4~5	
	评语				
泡沫性能 15 分	起泡 2 分	气足，倒入杯中有明显泡沫升起	气足，起泡好	0	
			起泡较差	1	
			不起泡沫	2	
	形态 4 分	泡沫洁白	洁白	0	
			不太洁白	1	
			不洁白	2	
		泡沫细腻	细腻	0	
			泡沫较粗	1	
			泡沫粗大	2	
	持久 6 分	泡沫持久，缓慢下落	持久 4 分钟以上	0	
			3~4 分钟	1	
			2~3 分钟	3	
			1~2 分钟	5	
			1 分钟以下	6	
	挂杯 3 分	杯壁上附有泡沫	挂杯好	0	
			略不挂杯	1	
			不挂杯	2~3	
	喷酒缺陷	开启瓶盖时，无喷涌现象	没有喷酒	0	
			略有喷酒	1~2	
			有喷酒	3~5	
			严重喷酒	6~8	
	评语				

续表

类别	项目	满分要求	缺点	扣分标准	样品
啤酒香气 20分	酒花香气 4分	有明显的酒花香气	明显酒花香气	0	
			酒花香不明显	1~2	
			没有酒花香气	3~4	
	香气纯正 12分	酒花香纯正，无生酒花香	酒花香气纯正	0	
			略有生酒花味	1~2	
			有生酒花味	3~4	
		香气纯正，无异香	纯正无异香	0	
			稍有异香味	1~4	
			有明显异香	5~8	
	无老化味 4分	新鲜，无老化味	新鲜无老化味	0	
			略有老化味	1~2	
			有明显老化味	3~4	
	评语				
酒体口味 55分	纯正 5分	应有纯正口味	口味纯正，无杂味	0	
			有轻微的杂味	1~2	
			有较明显的杂味	3~5	
	杀口力 5分	有二氧化碳刺激感	杀口力强	0	
			杀口力差	1~4	
			没有杀口力	5	
	苦味 5分	苦味爽口适宜，无异常苦味	苦味适口，消失快	0	
			苦味消失慢	1	
			有明显的后苦味	2~3	
			苦味粗糙	4~5	
	淡爽或醇厚 5分	口味淡爽或醇厚，具有风味特征	淡爽，不单调	0	
			醇厚丰满	0	
			酒体较淡薄	1~2	
			酒体太淡，似水样	3~5	
			酒体腻厚	1~5	

续表

类别	项目	满分要求	缺点	扣分标准	样品
酒体口味 55分	柔和协调 10分	酒体柔和、爽口、谐调，无明显异味	柔和、爽口、谐调	0	
			柔和、谐调较差	1~2	
			有不成熟生青味	1~2	
			口味粗糙	1~2	
			有甜味、不爽口	1~2	
			稍有其他异杂味	1~2	
	口味缺陷 25分	不应有明显口味缺陷（缺陷扣分原则：各种口味缺陷分轻微、有、严重三等酌情扣分）	没有口味缺陷	0	
			有酸味	1~5	
			酵母味或酵母臭	1~5	
			焦糊味或焦糖味	1~5	
			双乙酰味	1~5	
			污染臭味	1~5	
			高级醇味	1~3	
			异脂味	1~3	
			麦皮味	1~3	
			硫化物味	1~3	
			日光臭味	1~3	
			醛味	1~3	
			涩味	1~3	
	评语				
总体评价			总计减分		
			总计得分		

五、注意事项

（1）评酒时室内应保持干净，不允许杂味存在；

（2）品评人员应保持良好心态，不能吸烟，不能吃零食。

六、啤酒品评训练

1. 稀释比较法

使用冷却的蒸馏水或无杂味的自来水，通入二氧化碳以排除空气，并溶入二氧化碳。将此水加入啤酒中，使之稀释 10%。将稀释的啤酒与未稀释的同一种啤酒装瓶，密封于暗处，存放过夜，使达平衡。然后进行品评。连续 3 天重复品评，将结果填入表内。

2. 甜度比较

取定量纯蔗糖，全部溶解在一小部分啤酒中，并在不大量损失二氧化碳的条件下，与其他大部分啤酒混合，使其含糖浓度为 4g/L。事先告知有一种是加糖酒，连续品评 3 天，将结果填入表内。

3. 苦味比较

在一部分啤酒中，加入 4ppm 溶解于 90% 乙醇的异 α-酸，使呈苦味，并将此处理过的啤酒放置过夜，然后如上所述品评，连续 3 天，将结果填入表中。

七、评酒员考选办法

1. 三杯法

三只杯中有两只装入同一种酒，另一杯为不同酒，判断正确得 10 分，否则得 0 分，考 2 次，取平均值。

2. 五杯对号法

用五杯不同啤酒二次品评，找出相同的酒，正确一对得 4 分。

3. 五杯选优排名对号法

基本同上法，增加排序，即品评人员根据判断，排出优劣次序。

4. 口味特点考评法

要求参评人员指出标准酒样的最突出的一个特点。答对一只酒样得 3 分，共 15 分。

5. 气味特点考评法

参评人员根据嗅觉判断酒样的香气和不良气味，不能饮用样品。

项目二十六：固定化啤酒发酵

一、实验目的

了解啤酒酵母的固定化方法，尝试用固定化酵母发酵啤酒。

二、实验原理

分批发酵过程中每次主发酵前都要进行酵母菌种的准备工作，费时费力，如果将酵母细胞固定在某一合适载体上，从理论上将，只要酵母细胞死亡率不太高，就可以一直使用下去。而且，固定化发酵过程中，酵母培养和发酵分开进行，因此可以采用高密度发酵的方法，使发酵周期大大缩短。本实验用海藻酸钙包埋法固定啤酒酵母，在填充式生物反应器中进行分批式发酵。

三、实验器材

实验器材有填充式生物反应器或帘式生物反应器，固定化酵母细胞成珠器，海藻酸钠，氯化钙等。

四、实验步骤

1. 酵母细胞的培养

用常规方法培养酵母或用发酵结束后的沉淀酵母，但必须保证酵母活力，死亡率不超过1%。

2. 酵母细胞的浓缩

将酵母细胞离心浓缩，或直接用发酵结束后的酵母泥，加适量无菌水成 1×10^9 个细胞/mL。

3. 固定化凝胶珠的制备

海藻酸钠用无菌水吸涨调匀，通入水蒸气升温至80℃，充分搅拌，冷却至室温，加入酵母悬液，使成2%海藻酸钠，10^8个酵母细胞/mL 的溶胶液。经成珠头滴入2% $CaCl_2$水溶液中，固化2小时，无菌水漂洗后可供主发酵用。

4. 用固定化酵母凝胶珠进行分批式啤酒发酵

将固定化凝胶珠按5%的比例(接种量，W/V)在填充式生物反应器中进行主发酵。

若要用吸附包埋法固定酵母细胞，在帘式生物反应器中进行分批式啤酒发酵，可将用不锈钢丝网加固的纤维织物浸于含 10^8个酵母细胞/mL 的 2%海藻酸钠溶胶液中，充分吸涨后浸至2% $CaCl_2$水溶液中固化2小时，无菌水漂洗后挂于帘式生物反应器中进行主发酵。

附录一

啤酒行业标准

啤酒属特殊行业，由于涉及食品和发酵酿造，对于安全性方面更是需要权威标准来规范我们的生产。

啤酒行业标准包括国家强制标准（GB 系列，优先录入）、国家推荐标准（xxT 系列，第二优先录入）和非直接关联的国家标准（最后录入）。国家强制标准（GB 系列）有：GB 4927—2008 啤酒、GB 5749—2006 生活饮用水卫生标准、GB 2758—2012 发酵酒及其配制酒等；国家推荐标准（xxT 系列）包括 GBT 7416—2008 啤酒大麦、GBT 4928—2008 啤酒分析方法、nyt 702—2003 啤酒花、QBT 1686—2008 啤酒麦芽、GBT 17714—1999 啤酒桶等；非直接关联的国家标准包括：消毒与灭菌效果的评价方法与标准 GB15981—1995、GB16798—1997 食品机械安全卫生等。这些标准对啤酒发酵的环境、生产线、机械设备、产品、检测以及食品安全等方面进行了详尽的规范。

附录二

精酿啤酒相关术语

AAU：国际啤酒苦味计量单位。

IBU：国际苦味指数，$1IBU = 1mg/L$ 的异 α 酸。

爱尔：使用上面酵母发酵后生产的啤酒。

拉格：使用下面酵母发酵后生产的啤酒。

α 酸：存在于啤酒花中，是啤酒苦味的主要来源。

发酵度：啤酒在发酵的一定时间内，麦汁中糖分被酵母菌消耗的部分与原始的总量之比。

外观发酵度：同发酵度一样。

实际发酵度：由于酒液中还有二氧化碳和酒精，所以实际发酵度是指除去了二者后真正的发酵度。

自溶：酵母菌由于死亡后发生的自我溶解。

桶：酿酒业商业标准单位。美国 1 桶 = 31.5 加仑；英国 1 桶 = 43.2 加仑。

酒体：啤酒在喝入口中后由口腔来感受酒体，不是味道，类似于厚、薄之类的感觉，主要是指对黏度(残余糖分)、杀口感、奶油感(蛋白质)等感受。

泡持性：指啤酒在倒入杯中后产生的泡沫持续的时间。

碳化：指向啤酒中充入二氧化碳使其碳酸化。

冷浑浊：啤酒在低温时产生的絮状沉淀，往往再次升温后就可以使浑浊消失，主要由残留的蛋白质造成。

糖化：淀粉通过糊化破裂后，由麦汁中的淀粉酶作用，最终转化为糖类的过程。

糊精：淀粉在糖化时产生的多糖，是不可发酵的糖类。

双乙酰：奶油、酸奶气味的化学物质，发酵前期大量产生，后期可以被酵母还原掉。

二甲基硫醚：熟玉米、烂白菜气味的化学物质，主要来自制麦阶段，在熬煮时会随水蒸气大量挥发掉。

干投酒花：直接将啤酒花投入发酵结束后的啤酒中，主要目的是提高啤酒的香气。

头道麦汁：糖化时打出的第一道麦汁。

发酵：麦汁通过酵母的代谢，将糖分转化为二氧化碳和酒精的过程。

糊化：淀粉分子由于水和热的作用膨胀破裂。

洗糟：将头道麦汁打出后再投入热水从而将残留的浸出物冲洗出来的过程。

啤酒花：大麻科、草本植物，为啤酒提供苦味和香味以及防腐抗菌能力。

葎草烯：俗称酒花精油，主要为啤酒提供香气，难溶并且易挥发。

异α酸：酒花中的α酸在煮沸时转化成更加苦的异α酸。

色度：衡量原料与啤酒颜色的标准。

罗威邦色度：目前主要应用于衡量原料的颜色。

EBC色度：英国计量单位，广泛用于描述原料和啤酒的颜色。

SRM色度：现代标准的参考方法。

美拉德反应：淀粉在水和热的作用下产生的焦糖化反应。

麦芽提取物DME：从麦芽中提取，可以省去糖化过程，可用于酵母的活化和扩培。

酵母：单细胞真菌，用于发酵啤酒。

原麦汁浓度：麦汁在煮沸后发酵前的浓度。

结束麦汁浓度：麦汁在发酵结束后的浓度。

主发酵：持续5天左右(主要根据酵母不同变化)，一般没有意外的情况下，不降糖了就代表主发酵结束。

贮酒：经过主发酵和双乙酰还原后将啤酒进行低温贮藏，从而进一步缓慢发酵，产生二氧化碳和让啤酒不那么生硬，此阶段往往要超过2周甚至数月，时间越久效果越好，这个阶段也称为二次发酵。

瓶内二发：将主发酵后的啤酒打到瓶中再加上糖以让酵母继续代谢，主要目的是产生二氧化碳。

倒罐：在发酵阶段，把啤酒从发酵罐中倒出到另一个容器中，主要是为了将已经沉淀的物质分离和防止酵母自溶产生的味道。

麦汁：糖化结束后得到的浸出物溶液，一般主要是糖类和水。

高级醇（杂醇油）：是啤酒发酵阶段产生的不可避免的副产物，适量存在可以带来很好的风味。由于被人体代谢比较困难，所以过量则容易引起上头的情况。

生物稳定性：鲜啤酒、生啤酒、精酿啤酒都不经过高温杀菌处理，即使采用无菌过滤技术也有微量的生物存在于啤酒中，一般生物的稳定性可以保持 5~7 天。（如果卫生条件优秀，不经过滤的啤酒因为酒液中酵母含量高，生物稳定性反而会更长）

生物稳定性破坏：由于微生物的污染而引起的啤酒感官和理化指标上的变化，比如酸败和浑浊。

非生物稳定性：由于非生物因素引起的浑浊、沉淀，主要是高分子蛋白质与单宁化合物形成复合物造成的，外界的因素还有包括氧气、光照、震动等。

风味稳定性：主要是人类感官上的视觉、嗅觉、味觉对啤酒的综合感受，一般啤酒在一个月后就会感受到风味的恶化。

EBC：欧洲啤酒酿造协会。

AMBA：美国酿造大麦协会。

协定糖化法：模拟糖化过程，统一指标和检测的方法。

下酒：属于酒精发酵与酿酒后发酵过程。将主发酵后并除去多量沉淀酵母的发酵液送到后发酵罐（贮酒罐）内，这个过程叫下酒。

DIN：德国标准化协会，是德国的 ISO 成员团体。DIN 总部设在柏林的德国注册协会，涵盖技术的几乎每一个领域。

FAN：Free Amino Nitrogen 的缩写，游离的氨基氮。

参 考 文 献

1. 催云前. 微型啤酒酿造技术[M]. 北京：化学工业出版社，2008.

2. 张伟. 国外主要啤酒大麦品种综述[J]. 啤酒科技，2002(2)：7-9.

3. 陆炜，孙立军. 当前我国各地应用的啤酒大麦品种[J]. 作物品种资源，1988(3)：007.

4. 中国农业科学院作物科学研究所，国家大麦青稞产业技术体系. 中国大麦品种志(1986—2015)[M]. 北京：中国农业科学技术出版社，2018.

5. 李勤. 啤酒酵母扩大培养的研究[J]. 四川食品与发酵，2006(2)：34-36.

6. 娄惜晨，柴志振，党阿丽. 啤酒酵母扩大培养的新途径[J]. 酿酒，1988(3)：41-42.

7. 管敦仪. 啤酒工业手册[M]. 北京：中国轻工业出版社，1998.

8. 顾国贤. 新世纪中国啤酒工业发展展望[J]. 酿酒科技，2002(4)：28-30.

9. 刘震东. 把脉啤酒产业[J]. 酿酒科技，2002(3)：105-107.

10. 吴根福. 几个啤酒酵母菌株的性能比较[J]. 科技通报，1995(2)：107-110.

11. 赵大庆. 啤酒澄清剂开发与应用研究[D]. 南京：南京农业大学，2009.

12. 李艳敏，赵树欣. 不同酒类澄清剂的澄清机理与应用[J]. 中国酿造，2008(1)：1-5.

13. 吴根福等. 使用固定化酵母凝胶珠的分批式啤酒发酵[G]//生命科学论文集. 杭州：杭州大学出版社，1992：134-139.

14. 吴根福，等. 固定化细胞帘式生物反应器用于啤酒发酵的研究[G]//生命科学论文集. 杭州：杭州大学出版社，1992：207-209.

15. William Bostwick. The Brewer's Tale：A History of the World According to Beer[M]. New York，London：W. W. Norton & Company Independent Publishers，2014.